Marie-Isabelle Meßner

Validierung von targeted therapy-Konzepten beim kolorektalen Karzinom

Marie-Isabelle Meßner

Validierung von targeted therapy-Konzepten beim kolorektalen Karzinom

Südwestdeutscher Verlag für Hochschulschriften

Impressum / Imprint

Bibliografische Information der Deutschen Nationalbibliothek: Die Deutsche Nationalbibliothek verzeichnet diese Publikation in der Deutschen Nationalbibliografie; detaillierte bibliografische Daten sind im Internet über http://dnb.d-nb.de abrufbar.
Alle in diesem Buch genannten Marken und Produktnamen unterliegen warenzeichen-, marken- oder patentrechtlichem Schutz bzw. sind Warenzeichen oder eingetragene Warenzeichen der jeweiligen Inhaber. Die Wiedergabe von Marken, Produktnamen, Gebrauchsnamen, Handelsnamen, Warenbezeichnungen u.s.w. in diesem Werk berechtigt auch ohne besondere Kennzeichnung nicht zu der Annahme, dass solche Namen im Sinne der Warenzeichen- und Markenschutzgesetzgebung als frei zu betrachten wären und daher von jedermann benutzt werden dürften.

Bibliographic information published by the Deutsche Nationalbibliothek: The Deutsche Nationalbibliothek lists this publication in the Deutsche Nationalbibliografie; detailed bibliographic data are available in the Internet at http://dnb.d-nb.de.
Any brand names and product names mentioned in this book are subject to trademark, brand or patent protection and are trademarks or registered trademarks of their respective holders. The use of brand names, product names, common names, trade names, product descriptions etc. even without a particular marking in this works is in no way to be construed to mean that such names may be regarded as unrestricted in respect of trademark and brand protection legislation and could thus be used by anyone.

Coverbild / Cover image: www.ingimage.com

Verlag / Publisher:
Südwestdeutscher Verlag für Hochschulschriften
ist ein Imprint der / is a trademark of
OmniScriptum GmbH & Co. KG
Heinrich-Böcking-Str. 6-8, 66121 Saarbrücken, Deutschland / Germany
Email: info@svh-verlag.de

Herstellung: siehe letzte Seite /
Printed at: see last page
ISBN: 978-3-8381-3824-4

Zugl. / Approved by: Düsseldorf, Heinrich-Heine-Universität, Diss., 2013

Copyright © 2014 OmniScriptum GmbH & Co. KG
Alle Rechte vorbehalten. / All rights reserved. Saarbrücken 2014

I. Inhaltsverzeichnis 1

1. Einleitung 7

1.1. Das Kolorektal-Karzinom 7

    1.1.1. Inzidenz und Risikofaktoren 8

    1.1.2. Familiäre Syndrome 9

    1.1.3. Klassische Prognosefaktoren 10

1.2. Molekulare Mechanismen der Tumorentstehung und Progression 12

    1.2.1. Die Adenom- Karzinom- Sequenz 12

    1.2.2. Serrated neoplastic pathway 13

    1.2.3. Die Signaltransduktion über MAPK und PI3K 14

        1.2.3.1. Aufbau und Funktion von Rezeptor- Tyrosinkinasen 14

        1.2.3.2. Der MAPK- Signalweg 16

        1.2.3.3. Der PI3K/AKT- Signalweg 18

    1.2.4. Rolle der Signalmoleküle im Kolonkarzinom 20

        1.2.4.1. EGFR 20

        1.2.4.2. KRAS 20

        1.2.4.3. BRAF 22

        1.2.4.4. PIK3CA 22

        1.2.4.5. TP53 23

1.3. Klassische Behandlungskonzepte 25

    1.3.1. Chirurgische Resektion 25

    1.3.2. Bestrahlung 25

    1.3.3. Chemotherapie 26

        1.3.3.1. Irinotecan 28

1.4. EGFR- targeted therapy des Kolonkarzinoms 29

    1.4.1. Cetuximab 29

    1.4.2. Panitumumab 31

    1.4.3. Wirkmechanismus der anti-EGFR-Antikörper 32

1.5.	Ziele der Arbeit	35
2.	Material und Methoden	37
2.1.	*Material*	37
	2.1.1. Chemikalien	37
	2.1.2. Materialien	40
	2.1.3. Geräte	41
2.2.	*Methoden*	43
	2.2.1. Zellkultur	43
	2.2.1.1. Kultivierung von Zellkulturen	43
	2.2.1.2. Einfrieren und Auftauen der Zellkulturen	44
	2.2.1.3. Mykoplasmen – Kontrolle	45
	2.2.1.4. Anfertigung eines Zelllinien – Array	45
	2.2.2. Molekularbiologische Methoden	46
	2.2.2.1. DNA Isolierung	46
	2.2.2.2. Polymerasekettenreaktion (PCR)	46
	2.2.2.3. Sequenzierung	49
	2.2.2.4. RNA Isolierung	49
	2.2.2.5. cDNA Synthese	50
	2.2.2.6. quantitative Echtzeit- PCR (qRT-PCR)	50
	2.2.2.7. Fluoreszenz in-situ Hybridisierung (FISH)	53
	2.2.3. Proteinbiochemische Methoden	54
	2.2.3.1. Proteinisolation	54
	2.2.3.2. Konzentrationsbestimmung nach Bradford	55
	2.2.3.3. SDS-Polyacrylamid-Gelelektrophorese (SDS-PAGE)	56
	2.2.3.4. Western Blot	58
	2.2.3.5. Immundetektion	58
	2.2.3.6. Immunhistologie	60
	2.2.4. Funktionelle Untersuchungen	62

2.2.4.1. *Inkubation mit Panitumumab, Cetuximab und Irinotecan*	62
2.2.4.2. *Inkubation mit EGF*	63
2.2.4.3. *Immunfluoreszenz*	63
2.2.4.4. *Zytotoxizitätsassay*	64
2.2.4.5. *Durchflusszytometrische Analyse des Zellzyklus*	65
2.2.4.6. *Statistik*	67
2.2.4.6.1 Chi^2- Test und Student's t- Test	67
2.2.4.6.2 Berechnung von synergistischen Effekten	68
3. Ergebnisse	69
3.1. *Konstitutionelle Aktivierung des EGFR- Signalwegs in Kolonkarzinom – Zelllinien*	69
3.1.1. Identitätsbestimmung des Zelllinienkollektivs	69
3.1.2. Deregulation des EGF- Rezeptors	70
3.1.2.1. *EGFR- Mutationsstatus*	71
3.1.2.2. *Genetische Aberrationen von EGFR*	71
3.1.2.3. *Expressionsstatus von EGFR*	72
3.1.2.3.1 EGFR- mRNA- Expression	73
3.1.2.3.2 Egfr- und ErbB2- Proteinexpression mittels Immunoblot	74
3.1.2.3.3 Egfr- Proteinexpression mittels Immunhistologie	76
3.1.2.4. *Ermittlung der autokrinen Stimulation*	77
3.1.3 Deregulation der Downstream – Gene	80
3.1.3.1 *Mutationsstatus von KRAS, BRAF und PIK3CA*	80
3.1.3.2 *Expressionsstatus von Pten*	82
3.1.3.2.1 Proteinexpression mittels Immunoblot	82
3.1.3.2.2 Proteinexpression mittels Immunhistologie	83
3.1.3.3 *Korrelation von Mutations- und Expressionsstatus*	84

3.2 *Funktionelle Untersuchungen zur Wirkung von anti-EGFR-Antikörpern*	*85*
3.1.1 Effektivität einer anti-EGFR-Antikörperbehandlung bei Zelllinien des Kolonkarzinoms	*86*
3.1.1.1 *Wirkungsspektrum der anti-EGFR-Antikörper*	*86*
3.1.1.1.1 Dosis - Wirkungs - Beziehung	86
3.1.1.1.2 Bedeutung von KRAS und BRAF für die anti-EGFR- Antikörpertherapie	88
3.1.1.1.3 Bedeutung des Mutationsstatus auf die Wachstumsinhibierung	89
3.1.1.1.4 Spezifität der anti-EGFR-Antikörper	90
3.1.1.2 *Modulation der Wirksamkeit der anti-EGFR-Behandlung durch EGF*	*93*
3.1.2 Modulation der anti-EGFR-Behandlung durch Zytostatika	*94*
3.1.2.1 *Wirkungsspektrum des Zytostatikums Irinotecan*	*94*
3.1.2.1.1 Dosis - Wirkungs - Beziehung	95
3.1.2.1.2 Bestimmung der Zytotoxizität	96
3.1.2.2 *Effekte der Kombinationsbehandlung auf molekularer Ebene*	*99*
3.1.2.2.1 Änderung der Egfr - Proteinexpression	99
3.1.2.2.2 Die Bedeutung einer anti-EGFR-Antikörpertherapie für Kolonkarzinome mit Mikrosatelliten- Instabilität	100
3.1.2.2.3 Einfluss der Behandlung auf den MAPK- Signalweg	102
3.1.2.2.4 Auswirkung der Behandlung auf den PI3K/AKT-Signalweg	103
3.1.2.2.5 Die Rolle von p53 für die targeted therapy	105
3.1.2.2.6 Zusammenfassung zur Proteinexpressionsänderung nach anti-EGFR-Antikörpertherapie	107

3.1.2.3	Einfluss der anti-EGFR-Behandlung auf den Zellzyklus	108
3.1.2.3.1	Bestimmung der Panitumumab- Dosis	109
3.1.2.3.2	Bestimmung der Irinotecan- Dosis	110
3.1.2.3.3	Induktion der Apoptose	112
3.1.2.3.4	Effekte der Kombinationsbehandlung auf den Zellzyklus	113
3.1.2.4	*Wirkspektrum der targeted therapy auf Zelllinien des Kolonkarzinoms*	*117*
4	**Diskussion**	**120**
4.1	**Bedeutung der konstitutiven Aktivierung des EGFR-Signalweges für die Wirksamkeit von anti-EGFR-Antikörpern**	**121**
4.1.1	Anti-EGFR-Sensitivität in Abhängigkeit von KRAS-Status	121
4.1.2	Bedeutung des Subtyps der KRAS-Mutation für anti-EGFR-Sensitivität	122
4.1.3	Bedeutung weiterer Aberrationen im EGFR-Signalweg für anti-EGFR-Sensitivität	123
4.1.3.1	*EGFR*	*123*
4.1.3.1.1	EGFR- Mutationsstatus, Amplifikation, Polymorphismus, und Liganden	*124*
4.1.3.2	*RAS/RAF/MAP-Kinase Pathway*	*126*
4.1.3.3	*PI3K/PTEN/AKT- Pathway*	*126*
4.1.3.3.1	PTEN	*126*
4.1.3.3.2	PIK3CA	*127*
4.1.3.4	*Kombinationen von genetischen Aberrationen im EGFR- Signalweg*	*129*
4.1.3.5	*Weitere mögliche prädiktive Marker*	*129*
4.2	**Wirkmechanismus von anti-EGFR-Antikörpern bei Kolonkarzinom-Zelllinien**	**130**
4.2.1	Wechselwirkung der anti-EGFR-Antikörper mit EGFR	131

4.2.2	Auswirkung der anti-EGFR-Behandlung auf EGFR downstream- Gene	131
4.2.2.1	*RAS/RAF/MAPK*	131
4.2.2.2	*PI3K/PTEN/AKT*	132
4.2.3	Zellzyklus und Apoptose	133
4.3	**Wirkung und Wirkmechanismus einer Kombinationstherapie von anti-EGFR-Antikörpern und Irinotecan beim CRC**	***134***
4.3.1	Zytostatische Effekte einer anti-EGFR/Irinotecan- Kombinationstherapie	136
4.3.2	Wechselseitige Beeinflussung von Zellzyklus und Apoptose durch eine anti-EGFR/Irinotecan- Kombinationstherapie	137
5	Zusammenfassung	140

II. Literaturverzeichnis   **144**

III. Abkürzungsverzeichnis   **152**

IV. Danksagung   **157**

1. Einleitung

1.1. Das Kolorektal-Karzinom

Unter dem Begriff des Kolorektal-Karzinoms, wird gemeinhin Krebs verstanden, der Bereiche des Kolons und des Rektums betrifft. Diese Bereiche, auch Grimmdarm (Kolon) und Mastdarm (Rektum) genannt, bilden zusammen mit dem Blinddarm (Caecum) den Dickdarm. Das Kolon ist der größte Teil des Dickdarms und wird wiederum in vier Teile untergliedert: Colon ascendens, Colon transversum, Colon descendens und dem Colon sigmoideum, was dem aufsteigenden, transversalen, absteigenden und S-förmigem Abschnitt entspricht (Abbildung 1). Im Wesentlichen ist der Dickdarm aus einer innen liegenden Schleimhautschicht (Mucosa), einer anschließenden Bindegewebsschicht (Submucosa), einer mit Nerven durchzogenen Längs- und Ringmuskulatur (Muscularis) und der äußeren Tunica serosa aufgebaut. Im Dickdarm werden hauptsächlich Wasser und Salze aus den unverdaulichen Bestandteilen der Nahrung resorbiert, die anschließend ausgeschieden werden (Husmann, 2010). Karzinogene Veränderungen treten mit 55% meist im Enddarm (= Mastdarm und Analkanal) auf, gefolgt vom aufsteigenden (25%), transversalen (15%) und absteigenden (5%) Kolon (Schmiegel, 2008). Sie werden, wenn sie aus der Mucosa hervorgehen, als Adenokarzinome bezeichnet.

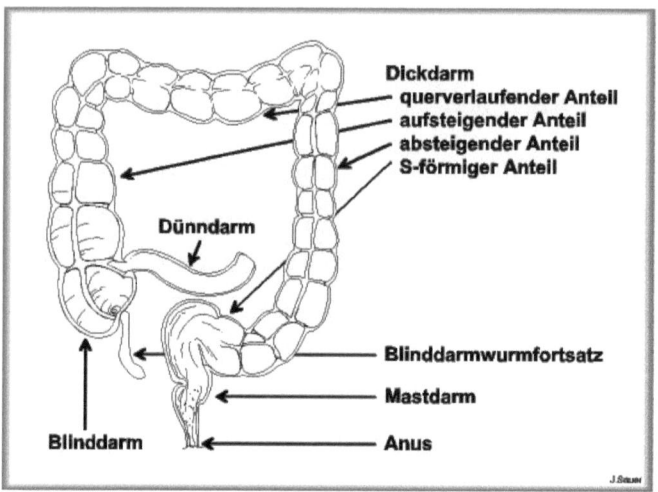

Abbildung 1: Übersicht über die Anatomie des menschlichen Dickdarms.
www.kolo-proktologie.de/Grundlagen/kolon.gif

1.1.1. Inzidenz und Risikofaktoren

Mit einer jährlichen, weltweiten Inzidenz von geschätzt einer Millionen ist Darmkrebs eine sehr häufige Krebserkrankung, bei der in den Industrieländern pro Jahr etwa 30 neue Fälle pro 100.000 Einwohner hinzukommen (Herold, 2012). In Deutschland treten Kolorektalkarzinome nach dem Bronchialkarzinom am zweithäufigsten auf. Mit einem Verhältnis von etwa 60:40 sind häufiger Männer als Frauen betroffen. Aufgrund anfänglich selten auftretender Symptome ist Darmkrebs heutzutage die zweithäufigste, krebsbedingte Todesursache, an der etwa 30.000 Betroffene pro Jahr versterben. Einer der wichtigsten Risikofaktoren ist dabei das Alter. So sind etwa 90% der an Darmkrebs erkrankten Personen über 50 Jahre. Erkrankungen vor dem 40. Lebensjahr sind selten, der Erkrankungsdurchschnitt liegt bei etwa 65 Lebensjahren. Ein weiterer wichtiger Risikofaktor sind bei der Diagnose bereits bestehende Darmpolypen. Je höher die Anzahl der Polypen, desto wahrscheinlicher ist das Risiko einer Entartung. Etwa 90% aller kolorektalen

Karzinome entwickeln sich aus bereits vorhandenen Adenomen. Ein hohes Darmkrebsrisiko besteht auch im Fall einer genetischen Prädispositionen, bei der genetische Vorbelastungen mit einer dreifach höheren Erkrankungswahrscheinlichkeit assoziiert sind. Weitere Risikofaktoren sind nach Angaben des deutschen Krebsforschungszentrum und des deutschen Instituts für Ernährungsforschung eine fettreiche und ballaststoffarme Ernährungen, der Genuss von rotem Fleisch (Rindfleisch), sowie Übergewicht, mangelnde Bewegung und Rauchen.

1.1.2. Familiäre Syndrome

Die Genese des Kolonkarzinoms ist in 65-85% aller Fälle auf sporadische Mutationen zurückzuführen, 30% der Fälle entstehen aufgrund von vererbten Prädispositionen (Abbildung 2). Wie in Kapitel 1.1.1 bereits erwähnt, besitzen Menschen mit diesen hereditären Veranlagungen ein deutlich höheres Risiko an Darmkrebs zu erkranken. Obwohl zahlreiche genetische Veränderungen zu kolorektalen Karzinomen führen können, sind hauptsächlich zwei Erkrankungen mit einem besonders hohen Entartungsrisiko assoziiert: Familiäre Adenomatöse Polyposis (FAP) und Hereditäres nicht-polypöses kolorektales Karzinom (HNPCC).

Die FAP ist eine autosomal-dominant vererbte Erkrankung, von der ca. 5-10 von 100.000 Personen betroffen sind (Herold, 2012). Charakterisiert wird FAP durch ein bereits in jungen Jahren auftretendes, multiples Wachstum benigner Darmpolypen. Die Behandlung dieser Erkrankung besteht im Wesentlichen aus der chirurgischen Entfernung des Dickdarms. Ist das nicht der Fall, besteht ein nahezu 100%iges Risiko, dass ein oder mehrere Polypen zu malignen Tumoren entarten. Im Schnitt sind Patienten mit FAP ca. 39 Jahre alt.

Bei der HNPCC handelt es sich ebenfalls um eine Erkrankung mit autosomal-dominanter Vererbung, die jedoch, anders als die FAP, nicht mit multiplen, neoplastischen Darmpolypen assoziiert ist. HNPCC ist laut der deutschen Krebshilfe die häufigste, erbliche Darmkrebserkrankung und wird anhand der so genannten Amsterdam- Kriterien diagnostiziert. Danach liegt HNPCC vor, wenn FAP ausgeschlossen werden kann, wenn mindestens drei Familienangehörige ersten Grades von Dickdarmkrebs betroffen sind und, wenn ein Patient mit Kolorektalkarzinom zudem jünger als 50 Jahre ist. Molekularpathologisch gesehen kommt es bei der HNPCC aufgrund von Defekten im DNA- Reparatursystem zur Bildung maligner Tumoren, die sowohl meist im Colon ascendens, als auch in völlig anderen Organen auftreten können (Gebärmutter, Eierstöcke, Magen, Harn- oder Gallenwege). Im Gegensatz zur FAP wird in Deutschland eine prophylaktische Kolektomie nicht empfohlen (Schmiegel, 2008). Im Schnitt sind Patienten mit HNPCC ca. 45 Jahre alt.

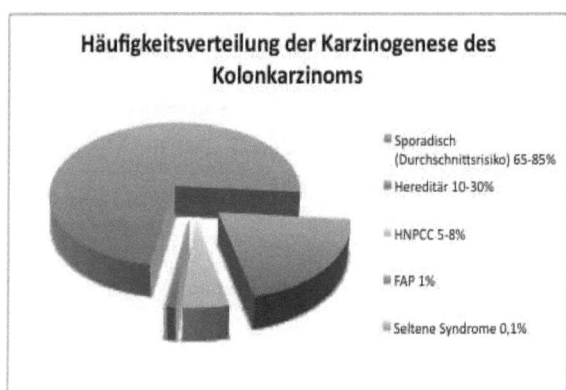

Abbildung 2: Häufigkeiten der Karzinogenese des kolorektalen Karzinoms. Zu durchschnittlich 65 - 85% entstehen Kolonkarzinome sporadisch, zu 30% aufgrund familiärer Häufung, 5-8% durch die Vererbung von HNPCC bzw. 1% von FAP (Nach Lynch, 1996).

1.1.3. Klassische Prognosefaktoren

Bei Tumoren lassen sich im Allgemeinen benigne und maligne Dignitäten unterscheiden, von denen die benignen, oder auch gutartigen Tumoren durch langsames Wachstum und gute Differenzierung gekennzeichnet sind. Diese Tumoren verdrängen das umliegende Gewebe, lassen sich jedoch klar abgrenzen und somit meist leicht entfernen. Maligne Tumoren, die gemeinhin als Krebs bezeichnet werden, zeichnen sich hingegen meist durch schnelles und aggressives Wachstum gepaart mit einem niedrigen Differenzierungsgrad aus. Per Definition infiltrieren und zerstören sie umliegendes Gewebe und bilden häufig Metastasen, die sich über das Blut oder die Lymphe im Körper ausbreiten können. Systematisch werden maligne Tumoren nach ihrem Entstehungsort untergliedert. Beispielsweise bezeichnet man maligne Neoplasmen des Epithels als Karzinome und mesenchymale Tumoren als Sarkome (Krams et al., 2010).

Das System zur Einteilung von Tumoren unterschiedlicher Malignitätsgrade in allgemein gültige Stadien wurde erstmals vom Franzosen Pierre Denoix ein-, und seither von der Internationalen Vereinigung gegen Krebs (UICC) weitergeführt. Es handelt sich hierbei um eine Klassifikation, die auf statistischen Auswertungen basiert und es erlaubt, die Tumorerkrankung bestimmten Kriterien zuzuordnen (Wittekind, 2010):

T(umor):   Ausdehnung des Primärtumors (Ort und Größe)
N(ode):   fehlender oder vorhandener Befall von Lymphknoten
M(etastasis):   Fehlen oder Vorhandensein von Fernmetastasen

Durch Verwendung von Ziffern hinter den obigen Kategorien kann die Ausdehnung der Tumoren zudem genauer eingegrenzt werden. Möglich sind T0-4, N0-2 und M0-1, wobei steigende Zahlen größere Tumoren bzw. zunehmender Lymphknotenbefall oder Fernmetastasen bedeuten. Bei einer nachgestellten Null ist kein Befall nachweisbar.
Zusätzlich werden Aussagen über den Differenzierungsgrad zur weiteren Charakterisierung des Tumors getroffen. Im Allgemeinen gilt, dass je differenzierter der jeweilige Tumor, desto eher ähnelt er dem umliegenden Gewebe, und ist dann meist mit einer besseren Überlebenswahrscheinlichkeit

assoziiert. Das Grading G1 steht hierbei für eine gute Differenzierung, die bis zu G3 immer weiter abnimmt. Beim Kolonkarzinom beschreibt G4 nicht differenzierte, medulläre Tumoren (Übersicht in Desch, 2005).

1.2. Molekulare Mechanismen der Tumorentstehung und Progression

1.2.1 Die Adenom- Karzinom- Sequenz

Zum überwiegenden Teil entsteht Dickdarmkrebs in einem mehrstufigen Prozess, der in dem so genannten Modell der Adenom- Karzinom- Sequenz (Abbildung 3) zusammengefasst wird. Dieses beschreibt den histopathologischen Übergang von normaler Mucosa bis hin zum Karzinom. Anhand von Untersuchungen an FAP- Patientenmaterial verband Vogelstein et al. dieses Modell erstmals mit genetischen Veränderungen, die an einer Karzinogenese beteiligt sind. Initial hierfür ist meist eine Mutation im Tumorsuppressorgen *APC* (adenomatous polyposis coli), das ein Enzym codiert, das unter anderem an der Regulation von Transkriptionsfaktoren beteiligt ist. Als Folge davon entsteht ein hyperproliferierendes Adenom, in dem es mit zunehmender Progression zu einer Akkumulation von somatischen Mutationen kommt. Diese betreffen Gene, wie beispielsweise das Protoonkogen *KRAS* (Kirsten rat sarcoma), das mutiert den bereits bestehenden, hyperproliferierenden Effekt noch verstärkt. Der Übergang vom Adenom zum Karzinom geht dann häufig mit einer Mutation des Tumorsuppressorgens *TP53* (tumor protein p53) einher. Mutationen in p53 können zum Funktionsverlust und somit zu einer Deregulation des Zellzyklus führen.

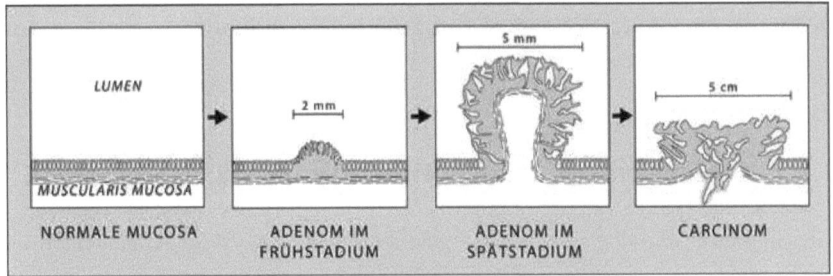

Abbildung 3: Modell der Adenom- Karzinom- Sequenz nach Vogelstein.
http://www.charite.de/idz/ag_hanski/hintergrund.htm

1.2.2 Serrated neoplastic pathway

Nach dem Modell der Adenom- Karzinom- Sequenz werden klassischerweise nur adenomatöse Polypen mit einer kolorektalen Karzinogenese in Verbindung gebracht. Anders als bisher angenommen konnte jedoch in den letzten Jahrzehnten gezeigt werden, dass auch gezackte (serrated), hyperplastische Polypen in ihrer traditionellen und ungestielten Form tumorprogressives Potential besitzen. Diese Entdeckung führte nicht nur zu Änderungen der klinischen Praxis, sondern auch zu einer Neubewertung der molekularen Hintergründe der kolorektalen Tumorgenese. Wie zuvor beschrieben (Kapitel, 1.2.1) ist die konventionelle Karzinogenese überwiegend durch genetische Aberrationen charakterisiert. Im serrated neoplastic pathway finden sich hauptsächlich *KRAS*- und *BRAF*- Mutationen, Inhibierung der Apoptose, DNA-Hypermethylierungen und Mikrosatelliteninstabilitäten (Mäkinen, 2010). Mutationen in *BRAF* treten laut einer Studie von O'Brien et al. bei serrated-Polypen besonders häufig auf und sind nach Di Nicolantonio et al. oft mit einer Methylierungen des *Mlh1* – Promotors (mutL homolog 1) assoziiert, so dass es auch in sporadischen Tumoren zu einem Funktionsverlust im DNA-Mismatch- Reparatursystem kommen kann (O'Brien, 2006; Di Nicolantonio, 2008). Diese Gendefekte resultieren in einer fehlerhaften DNA-Replikation, die in kurzen, repetitiven Sequenzen, den Mikrosatelliten besonders häufig auftritt (Hanski, 2000).

1.2.3 Die Signaltransduktion über MAPK und PI3K

Als Signaltransduktion oder auch Signalübermittlung wird im Allgemeinen die Weitergabe äußerer biochemischer oder physiologischer Reize auf eine Zelle verstanden. Je nach Signal werden so unterschiedliche Rezeptoren stimuliert, die wiederum Signalkaskaden zur Regulation diverser zellulärer Prozesse, wie z.B. Zellwachstum, Differenzierung und Apoptose, auslösen. Da Veränderungen in der Signalweitergabe durchaus tumorprogressive Auswirkungen haben können, gewinnen die Untersuchungen der Signalwege, sowie die Identifizierung ihrer spezifischen Regulatoren zunehmend an Bedeutung. Im Folgenden wird ein kurzer Überblick über die in dieser Arbeit näher untersuchten Signalwege, sowie deren Regulation gegeben.

1.2.3.1 Aufbau und Funktion von Rezeptor- Tyrosinkinasen

Egfr (epidermal growth factor receptor, Her1, ErbB1) gehört zusammen mit drei Homologen (Her2-4, ErbB2-4) zur Familie der membrangebundenen ErbB- Rezeptor- Tyrosinkinasen, die alle eine konservierte Ligand- Bindedomäne beinhalten. Es handelt sich hierbei um Glykoproteine, also um Moleküle mit kovalent gebundenen Sacharidresten. Sie verfügen über eine extrazelluläre Domäne, die der Erkennung der Signalmoleküle dient (für ErbB2 kein spezifischer Ligand bekannt), einer helikalen Transmembranregion und einer intrazellulären Tyrosinkinasedomäne mit anschließender Autophosphorylierungsregion (Abbildung 4). Das *EGFR-* Gen ist auf dem kurzen Arm von Chromosom 7 lokalisiert (7p11.2), umfasst 30 Exone und codiert für ein ungefähr 170kDa großes Protein.

Wird Egfr durch Bindung eines Liganden aktiviert, kommt es zu einer Dimerisierung, bei der sich sowohl zwei gleiche (Homo-), als auch zwei ungleiche Monomere (Heterodimer) verbinden können (Übersicht in Yarden, 2005). Die daraus resultierende Aktivierung der Kinasedomäne führt zur Autophosphorylierung von Egfr, dem initialen Schritt der Signalweiterleitung. Als Folge davon findet beispielsweise die kaskadenartige Aktivierung des MAPK- Signalweges statt, wodurch die Zelle mit Wachstum bzw. Proliferation auf den äußeren Einfluss reagiert.

Bisher sind 13 Liganden bekannt, von denen drei ausschließlich an Egfr und drei zusätzlich an ErbB4 binden können (Übersicht in Citri, 2006). Während EGF (epidermal growth factor) in vielen Körperflüssigkeiten gefunden werden kann, zeigen die Liganden TGFα (transforming growth factor alpha), Amphiregulin, β-Cellulin, Epiregulin und HB-EGF (heparin-binding EGF) organ- bzw. stadienspezifische Expressionsprofile.

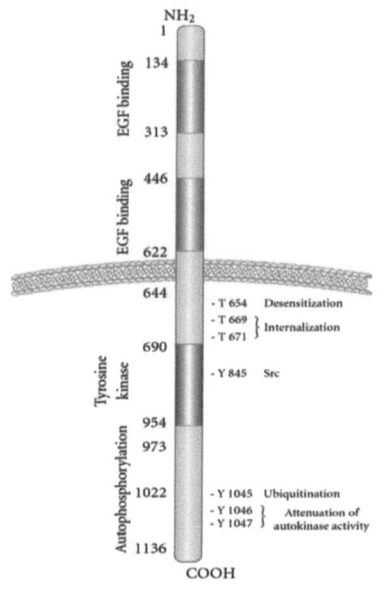

Abbildung 4: schematische Darstellung eines Egfr- Monomers und seiner Lokalisation in der Zellmembran. oben: extrazelluläre Ligandenbindungsdomäne unten: intrazellulärer Kinasebereich. NH2 bezeichnet das N-terminale, COOH das carboxyterminale Ende des Moleküls. Die Zahlen weisen auf Beginn und Ende der funktionellen Egfr- Bereiche hin. T= Threonin, Y= Tryptophan, Src bezeichnet eine Bindestelle des gleichnamigen Moleküls. http://www.hindawi.com/journals/jo/2010/568938.fig.001.jpg

1.2.3.2 Der MAPK- Signalweg

In den letzten Jahrzehnten konnte gezeigt werden, dass Veränderungen in Genen, wie z.B. *KRAS* und *BRAF* in der Karzinogenese des kolorektalen Karzinoms eine besondere Bedeutung zukommt (Übersicht in Hanahan und Weinberg, 2011). Da diese Moleküle für die Signalweiterleitung über den MAPK-Signalweg eine wichtige Rolle spielen, soll dieser im Nachfolgenden genauer erklärt werden.

Der Name MAPK-Signalweg leitet sich von den mitogen-aktivierten Protein-Kinasen (MAPK) ab, die in Kaskaden Signale innerhalb einer Zelle weiterleiten. Im Einzelnen wird durch ein phosphoryliertes Egfr zunächst Grb2 (growth factor receptor-binding protein 2) aktiviert (Abbildung 5). Dieses interagiert mit Sos (Son of sevenless), welches seinerseits Kras stimuliert. Kras ist eine kleine GTPase, also ein Enzym, das durch Hydrolyse ein

Guanosintriphosphat (GTP) in Guanosindiphosphat (GDP) und ein freies Phosphat spaltet. In seiner aktiven Form dient Kras der Aktivierung von Braf (v-raf murine sarcoma) einer Serin/Threonin- Kinase, die wiederum ein Phosphat auf die nachfolgenden Kinasen Mek1 und 2 überträgt. Letztlich werden dadurch Erk1 und 2 aktiviert, die in den Nukleus translozieren und dort Einfluss auf Transkriptionsfaktoren ausüben.

Im Allgemeinen erfolgt nach einer aktivierenden Stimulation die Signalweitergabe charakteristischerweise über Phosphorylierungsreaktionen einer MAP- Kinase Kinase Kinase (MAP3K) auf eine MAP- Kinase Kinase (MAP2K) und schließlich auf eine MAP- Kinase (MAPK), die dann in den Kern transloziert um auf nukleäre Transkriptionsfaktoren einzuwirken (Übersicht in Roux, 2004 und Roberts, 2007). Es sind vier dieser Signalkaskaden bekannt, von denen drei durch Stress induziert werden. Sie umfassen die Enzyme p38, Jnk1-3 (c-Jun amino-terminal kinases 1-3) und Erk5 (extracellular signal-regulated kinase 5). Die hier untersuchte ras/raf-MEK-ERK-Signalkaskade wird über Signale, die aufgrund eines aktiven Egfr bestehen induziert und hat dann Einfluss auf das Wachstum, die Proliferation und die Differenzierung einer Zelle.

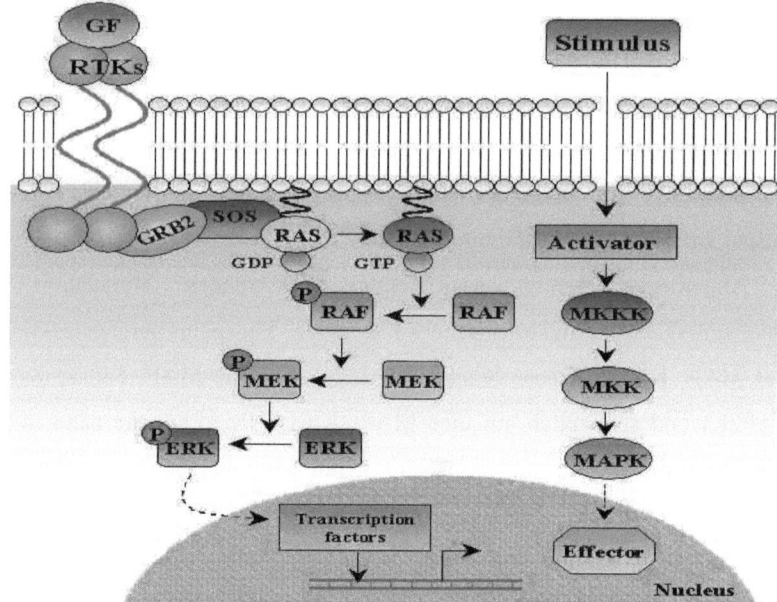

Abbildung 5: schematische Darstellung der MAPK- Signalweiterleitung in einer Zelle. GF= Wachstumsfaktor, RTKs= Rezeptortyrosinkinasen, P= Phosphat. Links: Hauptkomponenten des ras/raf-MAPK-ERK- Signalweges. Rechts: allgemeine Aktivierung der MAPK- Signaltransduktion.
http://www.bioscience.org/2006/v11/af/1849/fig3.jpg

1.2.3.3 Der PI3K/AKT- Signalweg

Der zweite, in dieser Arbeit näher untersuchte Signalweg ist der hauptsächlich an der Proliferation und der Inhibierung der Apoptose beteiligte PI3K/AKT- Signalweg. Entscheidend für diesen Signalweg ist hierbei ein Enzym aus der Familie der Lipidkinasen, die so genannte Phosphoinositide 3-kinase (Pi3k). Ihre Induktion konnte bereits Mitte der 1980er- Jahre mit onkogener Genaktivität in Polyoma- Viren verknüpft werden (Übersicht in Paez, 2003). In menschlichen Tumoren, also auch im kolorektalen Karzinom, gehen Aberrationen von PI3K meist mit einer konstitutiven Aktivierung der Kinase und somit mit einem gesteigerten onkogenen Potential einher.

Pi3k ist als Lipidkinase der Klasse I klassifiziert, was bedeutet, dass seine Aktivierung Liganden-abhängig ist und zum Beispiel durch die Rezeptor-Tyrosin-Kinasen erfolgen kann. Wird Egfr aktiviert, entsteht dadurch ein phosphorylierter Tyrosinrest, der als Anlagerungsstelle der regulatorischen Untereinheit von Pi3k (p85) fungiert. Dadurch induziert, kommt es zur Translokation der katalytischen Untereinheit p110 (Pik3ca) und zur Komplexbildung des Heterodimers (McCubrey, 2006). Alternativ dazu kann es auch zu einer Aktivierung von Pi3k über das Kras- Molekül des MAPK-Signalweges kommen. Das aktive Pi3k- Enzym - im Nachfolgenden als PIK3CA bezeichnet - katalysiert daraufhin die Phosphorylierung von Pip2 (phosphatidylinositol-3,4-bisphosphate) zu Pip3 (phosphatidylinositol-3,4,5-trisphosphate). Das führt dazu, dass Akt (v-akt murine thymoma viral oncogene homolog) entweder direkt oder indirekt über Pdk1 (pyruvate dehydrogenase kinase isoform 1) aktiviert und zur Zellmembran rekrutiert wird. Akt ist, wie Braf, eine Serin/Threonin- Kinase, die in diesem Fall mit einer direkten Regulation zahlreicher, zellulärer Prozesse assoziiert ist. So hat phosphoryliertes Akt beispielsweise Einfluss auf die Tetramerisierung von p53, was wiederum mit einer Regulation des Zellzyklusarrests bzw. der Apoptose einhergeht. Deregulationen von PIK3CA treten in Kolonkarzinomen zu etwa 20% auf (Sartore- Bianchi, 2009).

Eine weiteres wichtiges, regulatorisches Molekül dieses Signalweges ist das Enzym Pten (Phosphatase homologue to tensin). Pten ist eine Phosphatase, die durch die Inaktivierung von Pip3 zu Pip2 eine tumorsuppressive Wirkung ausübt. Aberrationen von Pten sind im kolorektalen Karzinom häufig, gehen meist mit einem Funktionsverlust einher und werden dann mit besonders aggressivem Wachstum assoziiert (Sawai, 2008).

1.2.4 Rolle der Signalmoleküle im Kolonkarzinom

1.2.4.1 EGFR

Eine unkontrollierte Aktivierung von EGFR findet bei epithelialen Tumoren durch bisher vier bekannte Mechanismen statt. Beispielsweise geht eine autokrine Stimulationen der Ligandenexpression bei Kopf- und Halstumoren mit einer verschlechterten Überlebenswahrscheinlichkeit einher (Übersicht in Yarden, 2005). Mutationen von *EGFR* führen bei Hirntumoren zu einer Inhibierung des proteasomalen Egfr- Abbaus. In Mammakarzinomen findet man eine Koexpression von HER2, durch die besonders stabile Egfr/Her2- Heterodimere gebildet werden, die nur langsam wieder voneinander dissoziieren. Im Kolonkarzinom findet man zu 60-80% Überexpressionen von EGFR, die laut Salomon et al. eher in differenzierten als undifferenzierten Tumoren auftreten (Salomon, 2008). Patienten mit metastasierenden, kolorektalen Karzinomen (mCRC) und überexpremiertem Egfr sind mit Tumorprogression und einer schlechteren Überlebenswahrscheinlichkeit assoziiert (Goldstein, 2001). Je nach zugrunde liegender Studie ist diese Überexpression zu 6-51% auf eine Amplifikation des zugehörigen Gens zurückzuführen (Übersicht in Heinemann, 2009). Mutationen von *EGFR* sind im kolorektalen Karzinom eher selten (Barber, 2004). Autokrine Stimulationen, also eine gleichzeitige Deregulation in der Expression zugehöriger Liganden ist im Kolonkarzinom beispielsweise für TGFα bekannt (Übersicht in Higashiyama, 2008).

1.2.4.2 KRAS

KRAS ist ein Mitglied der Familie der Protoonkogene, die kleine G- Proteine kodieren. Das Gen ist auf Chromosom 12p12.1 lokalisiert und wird in zwei alternative Transkripte umgeschrieben, aus denen entsprechend zwei Proteinisoformen hervorgehen. In einem speziellen Prozess der posttranslationalen Modifikation wird das Kras- Protein letztlich stabilisiert und an der Zellmembran verankert. Dies geschieht aufgrund einer Farnesylierung, bei der durch das kovalente Anheften eines Terpen-Rests an den c-Terminus von Kras ein hydrophober Bereich entsteht. Wie zuvor beschrieben, ist Kras ein wichtiger Bestandteil der Signalweiterleitung, da es mit Sos und Braf interagiert. Dabei kommt es durch Sos zu einer Bindung von GTP an Kras, was dadurch seine Konformation ändert. Diese „aktive" Konformation bindet dann hoch affin an Braf und führt somit zu dessen Aktivierung. In gesunden Zellen setzt Kras nach seiner Interaktion das gebundene GTP in GDP um und ist somit wieder inaktiviert. In 40 % aller sporadischen Kolonkarzinome liegt Kras, aufgrund von nur einer Punktmutation, dauerhaft aktiviert vor. Diese Punktmutation betrifft zu 90 % die Codone 12 oder 13, können vereinzelt aber auch in Codon 61 bzw. 146 gefunden werden. Codon 12 und 13 codieren je für ein Glycin, das für Codon 12 in 70 % aller Fälle und für Codon 13 in 30 % der Fälle ausgetauscht ist. Dabei findet man in Codon 12 häufig Transitionen von G zu A, also ein Austausch von Glycin zu Valin. In Codon 13 kann meist eine Substitution von Glycin zu Asparaginsäure gefunden werden (Übersicht in Heinemann, 2009). Diese Mutationen resultieren in dauerhafter Inaktivierung der katalytischen Domäne des Proteins, was bereits in den 1990er Jahren in zahlreichen Studien mit einer schlechteren Prognose in Zusammenhang gebracht wurde (Suchy, 1992; Moerkerk, 1994; Lee, 1996). In einer großen Studie von Andreyev et al. konnte gezeigt werden, dass bestimmte *KRAS*-Mutationen des Codons 12 (p.G12V) bei Patienten mit metastasierenden Tumorstadien prognostisch besonders ungünstig sind. Diese Korrelation von p.G12V- *KRAS*- Mutationen und verminderter Überlebenswahrscheinlichkeit wurde für Patienten mit lokal, fortgeschrittenen Tumoren nicht gefunden (Andreyev, 2001).

1.2.4.3 BRAF

Wie zuvor erwähnt (Kapitel 1.2.3.2), ist B-raf eine Serin/Threonin- Kinase, die zusammen mit A-raf und C-raf zur Familie der raf/mil-Kinasen zusammengefasst wird. Das auf Chromosom 7q34 gelegene Gen codiert ein 766 Aminosäuren großes Enzym, das als Effektor von u.a. Kras im MAPK- Signalweg involviert ist. In Kolorektalkarzinomen ist Braf zu ca. 13 % mutiert. In 90 % aller gefundenen Mutationen handelt es sich um eine Transversion von Valin zu Glutamat innerhalb des Codons 600, wodurch eine 500-fach höhere Kinaseaktivität erreicht wird (Seth, 2009). Dadurch kommt es zu ständiger Signalweitergabe innerhalb des MAPK- Signalweges. Prognostisch gesehen spielen *BRAF*- Mutationen im Kolorektalkarzinom eine wichtige Rolle: So wird mit der typischen Mutation in Exon 15 eine verschlechterte Überlebenswahrscheinlichkeit und eine proximal auftretende Karzinogenese assoziiert (Ogino, 2012). Yokota et al. fanden in 60 % aller Fälle mit *BRAF* Mutationen histologisch nur gering differenzierte oder aber muzinöse Tumoren. Insgesamt gilt eine Mutation in *BRAF* als negativer Prognosemarker, obwohl auch gegensätzliche Erkenntnisse existieren. Mutationen von *KRAS* und *BRAF* schließen sich nahezu gegenseitig aus (Barault, 2008).

1.2.4.4 PIK3CA

Das Gen *PIK3CA* codiert für die katalytische Untereinheit der Phosphatidylinositol-3-kinase (PI3K), die als Klasse I- Lipidkinase die Konversion von Pip2 zu Pip3 katalysiert (siehe Kapitel 1.2.3.3). *PIK3CA* ist auf Chromosom 3q26.3 lokalisiert, umfasst 21 Exone und wird in ein etwa 1000 Aminosäuren großes Molekül translatiert. Dieses Molekül besitzt sowohl eine N-terminale Bindedomäne für eines der drei verschiedenen, regulatorischen Untereinheiten (p85, p55 und p50), als auch eine Binde- und Kinasedomäne.

Durch eine Heterodimerisierung zweier Untereinheiten entsteht das funktionelle Enzym. Da PIK3CA wichtiger Bestandteil im gleichnamigen Signalweg und in der damit verbundenen Apoptoseinhibierung oder Angiogenesestimulation ist, hat ein zum Onkogen mutiertes *PIK3CA* großen Einfluss auf diese nachgeschalteten Mechanismen. Dabei treten vererbte und somatische Veränderungen mit etwa 32% gleichhäufig auf, werden im Fall einer somatische Mutationen hauptsächlich mit Auswirkungen auf die helikale und im Fall einer vererbten Veränderung meist mit der Kinase- Domäne assoziiert (Übersicht in Samuels, 2010). Veränderungen in den Exonen 9 und 20 gelten dabei als häufig, wobei Punktmutationen in beiden, Deletionen nur in Exon 20 nachweisbar sind. In der Korrelation wird eine *PIK3CA*- Mutation mit einer schlechteren Therapie- Prognose assoziiert (Barault, 2008). Darüber hinaus zeigten Ogino et al., dass eine Nebenstimulation über ein mutiertes *KRAS* sich nachteilig auf den Einsatz von PI3K- Inhibitoren auswirkt, so dass der *KRAS*- Status zur Bestimmung einer Prognose mit erfasst werden sollte (Ogino, 2009). Jhawer et al. und Sartore-Bianchi et al. zeigten, dass Mutationen von *PIK3CA* mit Resistenz gegenüber einer anti-EGFR- Antikörpertherapie assoziiert sind (Jhawer, 2008; Sartore-Bianchi, 2009).

1.2.4.5 TP53

Das Tumorsuppressorgen *TP53* (tumor protein 53), auch als Wächter des Genoms bekannt, ist zwar nicht direkt in die MAPK- bzw. PI3K- Signalwege involviert, besitzt jedoch großen Einfluss auf zahlreiche zelluläre Prozesse, wie die Regulation des Zellzyklus, der Apoptose und der DNA- Reparatur. In dieser Arbeit soll die targeted therapy untersucht werden, bei der neben anti-EGFR- Antikörpern auch Zytostatika verwendet werden. Da diese Einfluss auf zelluläre Prozesse haben können und die Rolle von *TP53* für einen Erfolg in der gerichteten Therapie bisher unklar ist, soll sein Status für das in-vitro Modell charakterisiert werden.

Aus klinischen Untersuchungen von Oden-Gangloff et al. geht beispielsweise hervor, dass eine Cetuximab/Irinotecan- basierte Kombinationsbehandlung bei Patienten mit mCRC und $KRAS^{wt}$ eine Mutationen in *TP53* mit einer Verdopplung der progressionsfreien Zeit einhergeht (Oden-Gangloff, 2009). Bei Patienten mit $KRAS^{mut}$ besitzen Mutationen von *TP53* jedoch offenbar keinen Einfluss auf eine solche Therapie. Aus anderen Studien geht hervor, dass gerade Tumoren mit $TP53^{wt}$- Status auf eine Behandlung mit dem Zytostatikum Irinotecan sensitiv reagieren (Übersicht in Weekes, 2009).

TP53 ist auf Chromosom 17p13.1 lokalisiert, wird in ein 11 Exone umfassendes Transkript abgelesen, aus dem das 53kDa- große Protein entsteht. Normalerweise wird p53 basal expremiert und bildet im Fall von zellulärem Stress Tetramere, die über ionische Wechselwirkungen eine Verbindung mit spezifischen DNA- Stellen eingehen. Ohne äußere Reize denaturiert die instabile Core- Domäne des Enzyms innerhalb von 5 – 20 Minuten (Suad und Rozenberg, 2009). Mutationen in *TP53* sind in invasiven Tumoren häufig und betreffen zu 30% sechs „Hot Spots" in genau dieser Core- Domäne. Im Kolonkarzinom treten zu 40-50% Mutationen in den Codonen 175, 245, 248, 273 und 282 von *TP53* auf, wobei sie häufiger in späten, als in frühen Adenomen gefunden werden (Liu, 2006). Hauptsächlich handelt es sich bei diesen Mutationen eher um Transversionen als um Transitionen, die gleichzeitig mit einer distalen Tumorlokalisation in Verbindung gebracht werden (Übersicht in Naccarati, 2012). Die Folge dieser Veränderungen ist fast immer der Verlust der tumorsuppressiven Funktion, so dass die Zelle beispielsweise trotz fehlerhafter DNA- Replika im Zellzyklus nicht arretiert und in Apoptose übergeht, sondern weiterhin proliferiert (Bhonde, 2006).

1.3. Klassische Behandlungskonzepte

Die klassische Behandlung des kolorektalen Karzinoms beinhaltet die chirurgische Resektion, die Radiotherapie und die Chemotherapie. Nach der Tumorresektion ist eine weiterführende Behandlung abhängig vom Fortschritt der Erkrankung.

1.3.1 Chirurgische Resektion

Unabhängig vom jeweiligen Stadium erfolgt bei der Behandlung kolorektaler Tumoren üblicherweise zunächst eine Operation (National Cancer Institute). Dabei können sowohl einzelne Polypen (Polypektomie), als auch ganze Bereiche des Darms (Kolektomie) resektiert werden. Zur Erhaltung der Darmfunktion kommt es je nach Größe und Lokalisation des entfernten Abschnitts anschließend entweder zu einer Darmanastomose (Verbinden der Endstücke von Dünndarm und Mastdarm) oder zum Einsatz eines Colostoma (künstlicher Darmausgang). Patienten mit CRC- Tumoren werden während einer Operation ebenfalls benachbarte Lymphknoten oder Teile anderer, befallener Organe entfernt.

1.3.2 Bestrahlung

Eine Bestrahlung, auch Radiotherapie genannt, wird aufgrund der Erreichbarkeit nur bei rektalen, nicht aber bei Kolon- Karzinomen angewandt. Dabei gibt es zwei verschiedene Möglichkeiten der Behandlung, die sich in ihrem Wirkmechanismus unterscheiden. Zum einen werden Tumorzellen mit Hilfe ionisierender Röntgenstrahlen hochenergetischen Photonen ausgesetzt (externe Radiotherapie). Zum anderen führt der Einsatz radioaktiver Substanzen zu einer punktuellen Strahlenfreisetzung im oder direkt neben dem zu behandelnden Tumor (interne Radiotherapie). In beiden Fällen werden durch diese elektromagnetischen Strahlen letztlich DNA- Strangbrüche herbeigeführt, die eine Tumorzelle an der Mitose bzw. an der Inhibierung der Apoptose hindert. Bei der Behandlung des Rektum- Karzinoms wird diese Art der Therapie vor allem bei T3-4 Tumoren mit oder ohne Lymphknotenbefall angewandt (Krebsinformationsdienst des DKFZ). Dabei können unterschiedliche Ziele verfolgt werden. Entweder erfolgt eine neoadjuvante (vor der Operation), den Tumor verkleinernde, oder aber eine adjuvante (nach der Operation) Bestrahlung. Häufig werden Rektumkarzinome auch mit einer Kombination von Bestrahlung und Chemotherapie, mit der so genannten Radiochemotherapie, behandelt. Diese Behandlung verbessert bei 66% (statt 38%) der Patienten mit primären, nicht resektierbaren Rektumkarzinomen die krankheitsfreie Zeit in der 5-Jahres- Überlebenswahrscheinlichkeit (Frykholm, 2001).

1.3.3 Chemotherapie

Die Chemotherapie wird meist adjuvant, also im Anschluss an eine Operation und in der Regel bei Patienten mit lokal fortgeschrittenen bzw. metastasierenden Kolonkarzinomen angewendet. Abhängig vom Erkrankungsstadium gibt es zwei Arten der Verabreichung. Bei einer systemischen Chemotherapie werden die Medikamente intravenös injiziert und verteilen sich dann über den Blutkreislauf im Körper. Werden die Medikamente gezielt in bestimmte Organe injiziert, spricht man von einer regionalen Chemotherapie. Eine Chemotherapie kann kurativ und palliativ angewendet werden und basiert beim Kolonkarzinom auf der Verabreichung der Medikamente 5-Fluoruracil (5-FU) und Folinsäure. 5-FU fungiert dabei als Antimetabolit der Nukleinsäuren Cytosin und Thymidin und wird während der DNA- Replikation an ihrer Stelle eingebaut. Durch den zusätzlichen Einsatz der

Folinsäure, die durch Bindung an das Enzym Thymidilat-Synthase die Biosynthese von dTMP (desoxy-Thymidinmonophosphat) verringert, wird diese zytostatische Wirkung noch verstärkt. Bei Patienten mit mCRC führte eine Behandlung mit dieser Therapieform zu einer signifikanten Verbesserung des progressionsfreien Überlebens (9 vs. 6,2 Monate; Gramont, 2000). Heutzutage werden 5-FU und Folinsäure mit weiteren Zytostatika kombiniert, was zu einer um 21-24 Monate gesteigerten Überlebenswahrscheinlichkeit bei den Patienten führt: Oxaliplatin, als Metallkomplex, bindet dabei an nukleophile Bereiche der DNA, wodurch eine räumliche Veränderung ihrer Struktur herbeigeführt wird. Diese Änderungen treten sowohl innerhalb eines DNA-Stranges, als auch zwischen beiden Strängen auf und verhindern in beiden Fällen die Replikation und Transkription (Sheeff, 1999). Dies resultiert in der Inhibierung der Proliferation und des Zellwachstums. Bei der Behandlung mit Oxaliplatin zusammen mit 5-FU und Folinsäure, was auch FOLFOX- Schema genannt wird, führten die verbesserten Überlebenswahrscheinlichkeiten bei Patienten mit fortgeschrittenen Tumoren ohne Fernmetastasen dazu, dass diese Therapie mit zu den heutigen Standards zählt (André, 2009). Das Akronym FOLFIRI steht für die Anwendung einer Kombination der Medikamente Irinotecan, 5-FU und Folinsäure. Obwohl Patienten mit fortgeschrittenen CRC- Tumoren und Fernmetastasen ebenfalls vom FOLFOX-Regime profitieren, hat sich das FOLFIRI- Behandlungschema für diese Patienten durchgesetzt (Saltz, 2001; Douillard, 2010; Colucci, 2005). Eine Kombination aus FOLFOX und FOLFIRI, genannt FOLFOXIRI, verbessert die Überlebenszeiten von Patienten mit fortgeschrittenen CRC- Tumoren und Fernmetastasen zusätzlich (Falcone, 2007).

1.3.3.1 Irinotecan

Irinotecan (Camptosar®, CPT-11) ist ein von Pfizer hergestelltes, halbsynthetisches Derivat des in Pflanzen natürlich vorkommenden Alkaloids Camptothecin. Irinotecan hemmt das Enzym Topoisomerase I, deren Aufgabe in der Entspannung negativ bzw. positiv superspiralisierter DNA liegt. Während der DNA- Replikation verursacht sie normalerweise Einzelstrangbrüche in einem der komplementären Stränge, wodurch die Superspiralisierung relaxiert wird. Bindet Irinotecan an den Topoisomerase- DNA- Komplex wird dieser stabilisiert und es kommt zu einer Inhibierung der folgenden Religation des Strangs. Dies führt zu einem irreversiblen Doppelstrangbruch und somit zum Abbruch der Replikation (Übersicht in Rothenberg, 1997). Zusätzlich zum Zellzyklusstop hat Irinotecan auch Auswirkung auf die Induktion der Apoptose (Bras-Gonçalves, 2000). Als so genannte Prodrug liegt Irinotecan zunächst in einer wenig aktiven Form vor, die durch Abspaltung der Bipiperidincarboxylat-Gruppe in das 1000-fach aktivere SN-38 metabolisiert wird. Diese Reaktion erfolgt in der Leber und unter dem Einfluss der Carboxylesterase (Marquardt, 2011). Die Wirksamkeit von Irinotecan auf mCRC-Tumoren wurde erstmals in zwei europäischen Studien beschrieben, in denen eine Verabreichung von Irinotecan nach gescheiterter Primärbehandlung mit 5-Fluoruracil (5-FU) zu einem längeren Überleben bei gleichzeitiger Verbesserung der Lebensqualität führte (Cunningham, 1998; Rougier, 1998). Doch auch bei Primärbehandlung der metastasierenden Kolonkarzinome führte eine Kombinationsbehandlung von Irinotecan mit 5-FU im Gegensatz zur Behandlung mit 5-FU allein zu signifikanten Verbesserungen in Bezug auf die Ansprechrate, und die mittlere Überlebenszeit (Übersicht in Vanhoefer, 2001).

1.4. EGFR- targeted therapy des Kolonkarzinoms

Bisher konnte durch den Einsatz von 5-FU und Folinsäure das mittlere Überleben von Patienten mit mCRC von 6 auf 12 Monate verdoppelt werden. Mit Hilfe der Regime FOLFIRI und FOLFOX wurden diese mittlere Lebenserwartung zusätzlich um 2-4 Monate gesteigert (Übersicht in Meyerhardt und Mayer, 2005). Dennoch zeigt eine 5- Jahres- Überlebenswahrscheinlichkeit von 12 % bei Patienten mit metastasierenden CRC- Tumoren, dass die Erfolge der Chemotherapie begrenzt sind. Um die Behandlung über die klassischen Therapien hinaus zu verbessern, wurden daher neue Konzepte entwickelt, um gezielt gegen bestimmte, mit der Tumorprogression assoziierte Strukturen vorzugehen: die targeted therapy.

Da im Kolonkarzinom, wie zuvor beschrieben (Kapitel 1.2.3), der EGFR-Signalweg eine wichtige Rolle spielt, werden bei dieser Therapie monoklonale Antikörper eingesetzt, die gezielt gegen EGFR gerichtet sind: Cetuximab und Panitumumab. Diese Antikörper sollen die EGFR-Signalweitergabe inhibieren, sind beide von der FDA (U.S. Food and Drug Administration) zugelassen und wurden bereits bei Patienten mit metastasierenden Kolonkarzinomen (mCRC) allein oder in Kombination mit Chemotherapeutika eingesetzt. Insgesamt konnte dabei gezeigt werden, dass Patienten mit mCRC durch diese Therapieform von einer um zusätzlich 4 Monate gesteigerten Überlebenszeit profitieren (Übersicht in Meyerhardt und Mayer, 2005).

1.4.1 Cetuximab

Cetuximab (Erbitux®, Cmab) ist ein monoklonaler Antikörper, der ursprünglich von der Firma ImClone produziert wurde. Er bindet hoch affin an Egfr und ist aus zwei Epitopen aufgebaut: Einer Antigen-bindenden Fab-Region (Fragment antigen binding) murinen Ursprungs und einem menschlichen IgG_1-Immunglobulin. Cmab ist also ein chimärer Antikörper, dessen konstanter Teil von allen Immunglobulinen (IgG_{1-4}) am häufigsten ADCC- und am zweithäufigsten Komplement- vermittelte Immunantworten auslöst (Azeredo da Silveira, 2002).

Die ADCC (antibody dependent cellular cytotoxicity = antikörperabhängige, zellvermittelte Zytotoxizität) bezeichnet dabei eine humane Immunreaktion, bei der pathogene Zielzellen mit IgG- Antikörpern markiert werden. Durch die darauf folgende Bindung natürlicher Killerzellen (NK) kommt es zur Sekretion und zum Eindringen von apoptose-induzierenden Molekülen in die Zielzelle.

Das Komplementsystem beschreibt hingegen eine komplexe, durch neun Glykoproteine vermittelte Immunantwort, die schließlich zur Lyse der Zielzelle führt. Dabei resultiert die Bindung des Proteins C1 an IgG bzw. IgM- Antikörper in einer Reihe von proteolytischen Spaltungen und anschließenden Komplexbildungen der involvierten Proteine C2-9. Schließlich entsteht ein Membranangriffskomplex, der durch Porenbildung den Verlust der Osmoregulation der Zielzelle einleitet (Janeway, 2002).

Bei Einführung von Cmab wurde zunächst angenommen, dass seine Wirkung mit dem Grad der Egfr- Expression zusammenhängt. In Studien an Patienten mit metastasierenden Kolonkarzinomen fand man jedoch, dass auch Patienten mit Egfr- negativen Tumoren auf eine Cmab- Monotherapie ansprachen (Übersicht in Kruser, 2010). Es zeigte sich vielmehr, dass eine Mutation von *KRAS* mit einer schlechten Prädiktion korreliert. In einer Studie von Bardelli und Siena et al. konnte gezeigt werden, dass eine Monotherapie mit Cmab bei Patienten mit mCRC und *KRAS*^{wt} gegenüber Patienten mit *KRAS*^{mut}- Tumoren eine Verdopplung der progressionsfreien Zeit bewirkt (Übersicht in Bardelli und Siena, 2010). Doch auch von den Patienten mit mCRC und *KRAS*^{wt} profitieren nur 40-50% von einer anti-EGFR- Monotherapie, so dass weitere Resistenzmechanismen existieren müssen. In diesem Zusammenhang wurde in einer Studie von Sartore-Bianchi et al. die Anwesenheit von zwei oder mehr Aberrationen in den EGFR- downstream- Genen *KRAS*, *BRAF*, *PIK3CA* und *PTEN* mit Resistenz auf die anti-EGFR-Antikörpertherapie assoziiert.

1.4.2 Panitumumab

Panitumumab (Vectibix®, Pmab) ist ein so genannter voll humanisierter, monoklonaler Antikörper, der von der Firma Amgen hergestellt wird. Hierbei macht man sich das Modell der XenoMaus zu Nutze. XenoMäuse sind transgene Tiere, deren Genloci der leichten und schweren Antikörper-Ketten mit den humanen Immunglobulinen ausgetauscht wurden (Übersicht in Kim, 2008). Anschließend stellen diese Tiere humane Antikörper her, die in der klinischen Anwendung wesentlich weniger Immunreaktionen im Menschen auslösen.

Wie Cmab, ist auch Pmab aus den zwei Epitopen Fab und Fc (Fragment constant) aufgebaut. Das Antigen- bindende Epitop ist im Unterschied zu Cmab jedoch human und besitzt laut Jakobovits et al. eine 5-200fach höhere Affinität für Egfr, als die natürlichen Liganden (Jakobovits, 2007). Das konstante Epitop ist im Gegensatz zu Cmab ein Immunglobulin G_2, welches aufgrund seiner spezifischen Eigenschaft in Bezug auf die ADCC- oder die Komplement- vermittelte Immunantwort gewählt wurde. Diese sind laut Stroh et al. in-vitro zu vernachlässigen, in der Klinik existieren jedoch sowohl positive als auch negative Aspekte (Stroh, 2010). Zum einen wird das Risiko einer Egfr- Erkennung in Normalgeweben und ein schneller Abbau von Pmab an Tumorzellen minimiert. Zum anderen verringern sich die Immunreaktionen an Antikörper- markierten Tumorzellen. Bei klinischer Anwendung findet man eine Überlagerung dieser Aspekte.

Die für Pmab zur Verfügung stehenden Daten zur Rolle von EGFR und KRAS in der Pmab- Monotherapie sind denen von Cmab sehr ähnlich und zeigen in Bezug auf eine Egfr- Expression keinen eindeutigen und in Bezug auf eine *KRAS*- Mutation einen signifikant negativen Zusammenhang (Hecht, 2010). Neben diesen Veränderungen sind auch hier Mutationen der Gene *BRAF*, *PIK3CA* und *PTEN* für eine Therapie- Resistenz verantwortlich (Sartore-Bianchi, 2009). Während der Funktionsgewinn von BRAF und PIK3CA, sowie der Funktionsverlust von PTEN negative Prädiktionsmarker sind, konnte für den Arg521Lys- Polymorphismus in *EGFR* keine Korrelation gefunden werden (Übersicht in Bardelli und Siena, 2010). Doch auch, wenn weniger Aberrationen gefunden werden, bleibt eine ca. 50%ige Wahrscheinlichkeit, dass eine Monotherapie nicht erfolgreich verläuft. Daher soll im Nachfolgenden genauer auf die molekularen Mechanismen einer anti-EGFR- Antikörpertherapie eingegangen werden.

1.4.3 Wirkmechanismus der anti-EGFR-Antikörper

Bisher profitiert nur eine Minderheit der Patienten mit mCRC von einer zusätzlichen anti-EGFR- Antikörpertherapie, so dass der Frage nach den molekularen Mechanismen, die mit einem Therapieerfolg einhergehen eine besondere Bedeutung zukommt. Obwohl die Wirkweise der anti-EGFR-Antikörper bis heute nicht vollständig verstanden ist, konnten in mehreren Untersuchungen bereits folgende Mechanismen herausgearbeitet werden:
Pmab und Cmab binden mit einer bis zu 200-fach höheren Affinität an Egfr als die natürlichen Liganden (Jakobovits, 2007). Normalerweise resultiert die Bindung eines Liganden in der EGF- Rezeptordimerisierung, wodurch eine anschließende Autophosphorylierung zur Initiation der Signaltransduktion führt (Abbildung 6). Die Bindung eines der anti-EGFR- Antikörper an Egfr verhindert hingegen diese Dimerisierung, so dass keine Aktivierung von Egfr

erfolgt (Übersicht in You, 2011). Vielmehr führt diese Bindung zu einer Internalisierung des Komplexes ins Zellinnere (Übersicht in Keating, 2010). Als Folge davon kommt es zur Inhibierung der Signalweitergabe und somit zu einer negativen Regulation der Proliferation und des Überlebens einer Tumorzelle.

In Bezug auf die Proliferation wirken Aberrationen in den EGFR- downstream- Genen *KRAS*, *BRAF*, *PIK3CA* und *PTEN* dieser Inhibierung entgegen und konnten in der Klinik bereits mehrfach mit einem schlechteren Ansprechen oder einer niedrigeren Überlebenswahrscheinlichkeit nach Antikörper- Monotherapie assoziiert werden (Di Nicolantonio, 2008; Monzon, 2009). Dabei spielt – wie zuvor erwähnt (Kapitel 1.4.1) – die Anzahl der Mutationen in diesen Genen in Bezug auf einen Therapieerfolg eine Rolle: Patienten, deren Tumoren zwei oder mehr Aberrationen aufweisen, profitieren in keinem Fall von einer Panitumumab- bzw. Cetuximab-Therapie (Sartore-Bianchi, 2009). Diese Ergebnisse wurden durch in-vitro Untersuchungen von Jhawer et al. zusätzlich bestätigt (Jhawer, 2008).

In Bezug auf das Überleben einer Tumorzelle zeigen Studien, dass eine Pmab- bzw. Cmab- Monotherapie im G0/G1- Zellzyklusarrest resultiert, was wiederum auch zu Apoptose führen kann (Wu, 2008).

Eine Kombinationsbehandlung mit monoklonalen Antikörpern und einer Chemotherapie führte in diversen Studien nahezu zu gleichen Ergebnissen. Durch den zusätzlichen Einsatz von Pmab oder Cmab zu Irinotecan und in Abhängigkeit vom $KRAS^{wt}$- Mutationsstatus weist ein verlängertes, progressionsfreies Überleben und eine gesteigerte Response- Rate bei Patienten mit mCRC auf einen Therapieerfolg hin (Douillard, 2010; You, 2011). Patienten mit mCRC und $KRAS^{mut}$ sind in jedem Fall von einer Kombinationsbehandlung benachteiligt (Lièvre, 2006). Über die molekularen Mechanismen, die darüber hinaus bei einer Kombinationstherapie des kolorektalen Karzinoms von Bedeutung sind, und welchen Einfluss eine Behandlung auf Zellzyklus und Apoptose genau hat, ist bisher nicht bekannt.

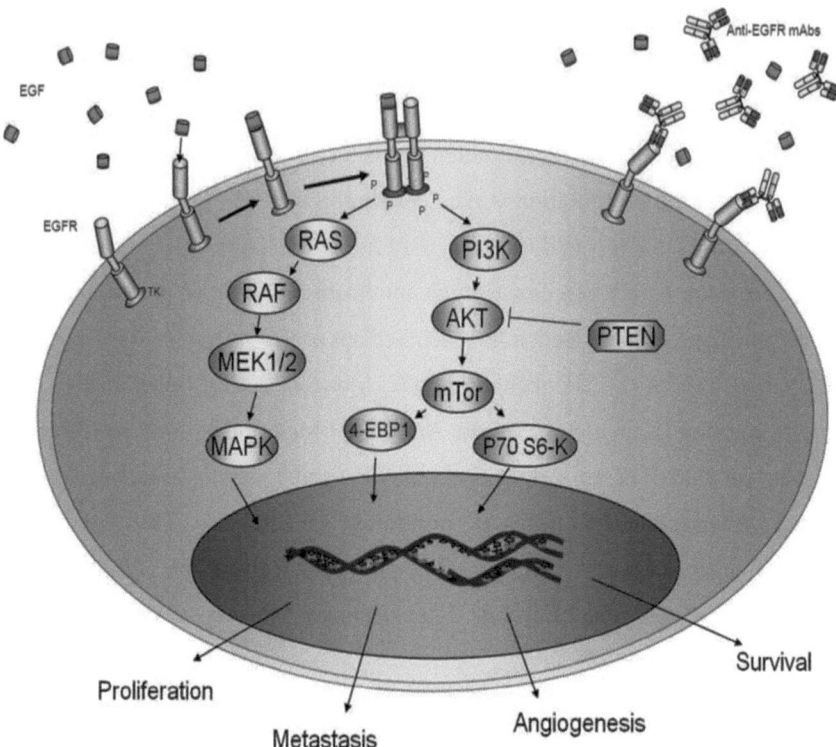

Abbildung 6: Übersicht über die Wirkung der monoklonalen Antikörper (mAb) auf Egfr. Durch Bindung der mAb's wird die Dimerisierung verhindert und so die Signalkaskaden inhibiert (Übersicht in You, 2011).

1.5. Ziele der Arbeit

Trotz moderner Polychemotherapie konnte die Überlebensdauer bei Patienten mit metastasierenden, kolorektalen Karzinomen (mCRC) bisher nur auf etwa 21-24 Monate gesteigert werden. Der Einsatz der gegen EGFR gerichteten Antikörper Panitumumab und Cetuximab in der so genannten targeted therapy bei Patienten mit mCRC- Tumoren verspricht eine weitere Steigerung der Überlebenszeiten. Klinische Studien zeigen jedoch, dass offenbar nur eine Minderheit der Patienten mit mCRC von dieser zusätzlichen Therapieoption profitiert. Bisher ist der Nachweis einer aktivierenden Mutation in *KRAS* als negativer Prädiktionsmarker etabliert, obwohl auch etwa 72% der Patienten mit $KRAS^{wt}$- Tumoren nicht auf eine targeted therapy ansprechen. Da scheinbar weitere Mediatoren des EGFR- Signalwegs eine wichtige Rolle für die Sensitivität der Tumoren gegenüber der targeted therapy spielen, kommt der Identifikation zuverlässiger, prädiktiver Marker eine große Bedeutung zu.

Ziel dieser Arbeit ist daher die Identifizierung dieser Markergene, sowie ihrer funktionellen Rolle für die Sensitivität der Tumoren gegenüber der anti-EGFR-Antikörperbehandlung. Insbesondere soll dabei der Frage nachgegangen werden, welche Markergen- Konstellationen mit additiven bzw. synergistischen Effekten einhergehen und sich daher für die prädikative Diagnostik eignen.

Ein weiterer wichtiger Aspekt dieser Arbeit resultiert in der Tatsache, dass in der Klinik die anti-EGFR- Antikörper meist in Kombination mit Chemotherapeutika eingesetzt werden, obwohl bis heute nicht ausreichend geklärt ist, welche Mechanismen den Erfolg einer solchen Kombinationstherapie bedingen. Daher soll nach Bestimmung der Wirkmechanismen in Monotherapie zusätzlich untersucht werden, welche Zellzyklus- und Apoptosemechanismen für die Strategie der Kombinationstherapie von Bedeutung sind. Anhand des so erhaltenen in-vitro

Modells soll schließlich identifiziert werden, welche zellulären Mechanismen und welche der EGFR-Signalwege in eine synergistische, additive oder auch antagonistische Wachstumsinhibierung durch die anti-EGFR-Antikörpertherapie involviert sind.

2. Material und Methoden

2.1 *Material*

2.1.1 Chemikalien

β-Mercaptoethanol	(Merck)
10% FCS	(Sigma)
3-(4,5-Dimethylthiazol-2-yl)-2,5-diphenyltetrazoliumbromid (MTT)	(Sigma)
2-Propanol	(Merck)
Acrylamid/Bisacrylamid-Lösung	(Biozym)
Agarose	Seakem LE (BMA Rockland USA)
Ammoniumpersulfat	(Merck)
Aqua bidest.	destilliertes Wasser
Avidin	1 Hühnereiweiß, 100 ml Wasser
Biotin	(Sigma)
Bradford-Reagenz	(BioRad)
Bromphenolblau	(Sigma)
BSA/ Rinderserumalbumin	(PAA)
Chemiluminescent Substrate Enhancer	(Invitrogen)
Chemiluminescent Substrate	(Invitrogen)
Chloroform: Trichlormethan	(Merck)
Cetuximab/ Erbitux	(Merck)
Citratpuffer	(Merck)
Complete	(Roche)
DAPI Counterstain	(Abbott/Vysis)
DEPC-H_2O	Diethylpyrocarbonat 1:1000 in Aqua dest.
Diaminobenzidin	(DCS)

DMSO	(Sigma)
DNeasy® Blood & Tissue Kit	(Qiagen)
DTT: Dithiothreitol	(Merck)
Ethanol	(Merck)
Ethidiumbromid	(Roth)
First strand cDNA synthesis Kit	(Fermentas)
Fixogum	(Marabu)
Formaldehyd	(Merck)
Formamid: Methanamid	(Roth)
GBX	(Sigma)
genRES® MPX-2 und MPX-3 Kit	(Serac)
Glycerin	(Merck)
Glycin	(Sigma)
Hämalaun	1 g Hämatoxylin in 1000ml Aqua dest, 0.2 g Natriumjodat, 50 g Kalialaun, 5 g Chloralhydrat, 0.1g Zitronensäure
HCl	(Merck)
IEF-Puffer	8M Urea, 1 g CHAPS, 100 ml Wasser, Bromphenolblau
Irinotecan/ Camptosar 40 mg	(Pfizer Pharma)
Isopropanol	(Merck)
Laemmli-Puffer SDS,	15 g Tris-base, 72 g Glycin, 5 g 500 ml Wasser
L-Glutamin	(Invitrogen)
Marker X	(Eurogentec)
Marker Page Ruler™ Plus Prestained Ladder(Fermentas)	

Methanol	(Merck)
NaCl	(Merck)
Natriumcarbonat	(Merck)
Non fat dry milk	(BioRad)
Panitumumab/ Vectibix	(Amgen)
PBS	(Gibco)
PCR Master Mix	(Fermentas)
PCR-Wasser	DNA freies Wasser
Penicillin/Streptomycin	(Gibco)
Phosphatase Inhibitor Cocktail 2	(Sigma)
Ponceau-Lösung	(Sigma)
Proteinase K	(Merck)
QuantiTect SYBR Green	(Qiagen)
RNase A	(Roche)
RPMI Medium	(Invitrogen)
Salpetersäure	(Merck)
SDS	(Sigma)
SDS-Ladepuffer	(Sigma)
Sheath Fluid	(Partec)
SSC	(Roche)
First Strand cDNA Synthesis Kit	(Fermentas)
TBE-Puffer	450 mM Trisborat; 10 mM EDTA pH 8.0
TBS-Puffer	pH 7.9, 0,5 M Tris, 1,5 M NaCl
TEMED: N', N', N', N'-Tetramethylendiamin(Sigma)	
TE-Puffer	Tris/EDTA
Tertiärreagenz	(ScyTek)
Transferpuffer	233 mM Glycin; 31 mM Tris; 25% (V/V) MeOH

Material und Methoden

Tris/HCl	(Sigma)
Triton X-100	(Merck)
Trizol	(Sigma)
Trypanblau	(Merck)
Trypsin/EDTA- Lösung	(Invitrogen)
Tween	(Sigma)
Vectashield	(Vector lab.)
VenorGeM-Mykoplasmen-Detektionskit	(Minerva Biolabs)
Wasch-Puffer	(Roche)
Xylol	(Merck)

2.1.2 Materialien

Falconröhrchen	Greiner
Filmkassette	3M
GelBond PAG Film	Cambrex
Kryotubes	Nunc
Kühlbox	VWR
Neubauer-Kammer	Optik Labor
Nitrocellulose Transfermembranen	Schleicher & Schüll
Objektträger	Marienfeld, Engelbrecht
PCR-Platten inkl. Verschlussfolie	BioRad
Pipettenspitzen	Starlab
Reaktionsgefäße	Biozym, Eppendorf, Sarstedt
Skalpell	Feather
Whatman-Papier	BioRad
Zellkulturflaschen T25	Greiner
Zellkulturflaschen T75	Greiner
Zellkulturplatten	Biochrom (TPP)

Zellschaber   Biochrom

2.1.3 Geräte

Autoklav	Systec (Wettenberg)
Heizblock	Haep Labor Consult HBT-2132
	Grant UBD 2
	Grant BTD
	Eppendorf Thermomixer Comfort
Waage	Sartorius BP 310 S
	Kern 440-33
	Mettler PM 3000
Pipetten	Eppendorf Research
Vortexer	Scientific Industries Vortex – Genie 2
	IKA MS 2 Minishaker
Zentrifuge	Hettich Rotina 35 R
	Eppendorf Minispin
	Heraeus Biofuge Primo R
	Sprout Minizentrifuge
	Hettich Mikro 20
	Hettich Mirko 22R
Inkubator	Heraeus T6
	Thermo Scientific Hera Cell 240
Rüttler	New Brunswick Scientific Innova 2000
Power Pack	BioRad Power Pack 3000
	Biometra Power Pack P 25
Gelkammern	BioRad Mini Trans-Blot Cell

	BioRad Mini Protean 3 Cell
	Biometra gel
Sterilbank	Thermo Scientific Hera Safe
Photometer	Eppendorf Bio Photometer
	BioRad Microplate Reader 680
Kühlschränke	Liebherr AG (Bulle, Schweiz)
Mikroskop	Olympus CK 2
	Zeiss Axioskop 2 plus HAL 100
	Zeiss LSM510
Mikrowelle	AEG Micromat
Magnetrührer	Welabo Framo M20/1
PCR	Biometra T personal Combi
	BioRad iCycler mit Kamera IQ 5
	Eppendorf Master Cycler
pH- Meter	Schott CG 522
Vakuumabsauger	Vacuubrand BVC 21
Taumelrollenmischer	CAT RM 5
Tiefkühltruhe -80 °C	Hettich (Tuttlingen)
Durchflusszytometer	Partec Cyflow
UV-Transilluminator	Biometra BioDoc Analyse
Sonifiziergerät	Bandelin Sonopuls HD 70 mit UW 70
Eismaschine	Castelimac F100

2.2 Methoden

2.2.1 Zellkultur

2.2.1.1 Kultivierung von Zellkulturen

Alle Arbeiten wurden mit den in Tabelle 1 aufgelisteten Zelllinien und unter sterilen Bedingungen durchgeführt. Das zur Kultivierung verwendete Nährmedium bestand aus RPMI 1640, versetzt mit 2 mM L-Glutamin, 1% Penicillin/Streptomycin und 10% fötalem Kälberserum (FCS). Alle Zelllinien wachsen adhärent in T25 Zellkulturflaschen und wurden ab einer Konfluenz von mindestens 5% in einem Verhältnis von 1:2 bis 1:10 passagiert. Hierfür wird, nach dem Verwerfen des Mediums, einmalig mit gepufferter Salzlösung (PBS) gewaschen. Anschließend werden die Zellen mit 0.05%iger Trypsin/EDTA-Lösung gelöst, in ein neues Gefäß überführt und in humider Umgebung des Inkubators bei 37 °C und 5% CO_2- Begasung weiterkultiviert. Jede, der oben aufgeführten Kolonkarzinom- Zelllinie wurde mittels einer DNA- Fingerprint- Analyse mit dem genRES® MPX-2 und MPX-3 Kit von Serac auf ihre Identität hin geprüft.

Tabelle 1: Auflistung der verwendeten Kolonkarzinom– Zelllinien
(DSMZ = Deutsche Sammlung von Mikroorganismen und Zellkulturen, ECACC = European Collection of Cell Cultures)

Zelllinie	Herkunft
CACO2	Chirurgie, Münster 8'2003
Colo205	Chirurgie, Münster 12'2009
Colo206F	Chirurgie, Münster 12'2009
Colo320	DSMZ 12'2009
DLD1	Chirurgie, Münster 12'2009
HCA7	ECACC 12'2009
HCT116	Hofstädter, Regensburg 3'2003
HCT15	Hofstädter, Regensburg 3'2003
HT29P	Chirurgie, Münster 8'2003

KM12C	Chirurgie, Münster 8'2003
LOVO	Hofstädter, Regensburg 3'2003
SW403	DSMZ 12'2009
SW48	Hofstädter, Regensburg 3'2003
SW480	Hofstädter, Regensburg 3'2003
SW948	DSMZ 01'2010

2.2.1.2 Einfrieren und Auftauen der Zellkulturen

Zur langfristigen Lagerung der Zellkulturen wurden zunächst drei bis vier möglichst konfluent bewachsene T75 Zellkulturflaschen benötigt. Nach Entfernen des Mediums und zweimaligem Waschen mit PBS werden die Zellen mit 0.05% Trypsin/EDTA gelöst und in ein mit Nährmedium gefülltes Falconröhrchen überführt. Es folgt ein 10 min Zentrifugationsschritt bei 1500 Umdrehungen pro Minute (rpm) und Raumtemperatur (RT). Zur Bestimmung der Zellzahl wurden 10 µl Zellsuspension im Verhältnis 1:20 mit 0.2%iger Trypanblau-Lösung versetzt und mit Hilfe einer Neubauerkammer gezählt. Je nach Zelllinie wurden drei bzw. sechs Millionen Zellen zusammen mit 50% RPMI1640 Medium, 40% FCS und 10% DMSO in einem Kryotube in flüssigem Stickstoff eingefroren.

Vor dem Auftauen der Zellen sollten 15 ml Falconröhrchen mit 5 ml Medium vorbereitet werden. Das hierfür verwendete Kulturmedium ist, wie bereits erwähnt, eine Zusammensetzung aus RPMI 1640 Medium, 2 mM L-Glutamin, 10%igem FCS und 1% Penicillin/Streptomycin. Aufgrund der Zytotoxizität von DMSO ab 0 °C werden die Zellen nun schnellstmöglich aufgetaut und in das vorbereitete Falconröhrchen überführt. Nach 5 min Zentrifugation bei 1500 rpm und RT wird der Überstand verworfen und das Zellpellet mit 1 ml Medium resuspendiert. Nach Überführung in eine T25 Zellkulturflasche wurden die Zellen dann mit angedrehtem Deckel zur Kultivierung in den Inkubator gestellt.

2.2.1.3 Mykoplasmen – Kontrolle

Standardmäßig wurde nach erstmaliger Kultivierung mit ca. 80%iger Konfluenz ein Mykoplasmentest durchgeführt. Hierfür wird ein Teil des Nährmediums für 10 min bei 95 °C denaturiert und anschließend nach den Anweisungen des VenorGeM-Mykoplasmen-Detektionskit (Minerva Biolabs) getestet. Nur Zellen ohne Kontamination werden weiterkultiviert. Um die Qualität der Untersuchungen zu gewährleisten wurde dieser Test je nach Dauer der Kultivierung einer Zelllinie im Turnus von 3 Monaten wiederholt.

2.2.1.4 Anfertigung eines Zelllinien – Array

Für jede der 15 Zelllinien wurden zunächst Zellkulturen in sechs T75 Zellkulturflaschen herangezogen. Nach Entnahme des Mediums und 1 x Waschen mit PBS wurden die Zellen mittels eines Zellschabers und 1 ml 4% Formalin in ein 1.5 ml Reaktionsgefäß überführt. Nach einer Zentrifugation von 10min bei 1500rpm und RT wird das Zellsediment mindestens 48 h in 4% Formalin belassen. Anschließend wird das Pellet mit einem Spatel in ein Filterpapier gebracht und in einer aufsteigenden Alkoholreihe dehydriert. Es folgt die Einbettung der Zellen in flüssigem Paraffin, welches nach vollständigem Erhärten mit einer Stanzmaschine (Beecher Instruments) bearbeitet werden kann. Auf diese Weise konnten 2 mm Stanzen jeder Zelllinie auf einem Paraffinblock zusammengefasst werden.

2.2.2 Molekularbiologische Methoden

2.2.2.1 DNA Isolierung

Um eine ausreichende Menge an DNA zu erhalten, sollte eine möglichst konfluent bewachsene T25 Zellkulturflasche vorliegen, die bereits 1 x mit PBS gewaschen wurde. Es kann sich hierbei um eine frische oder eine bei -80 °C eingefrorene Flasche handeln. Zunächst werden die Zellen mit einem Schaber mechanisch abgelöst und in ein 1.5 ml Reaktionsgefäß überführt, in dem sich 200 µl PBS befinden. Nach 5min Zentrifugation bei 300 g und RT wird der Überstand verworfen und das Pellet erneut mit 200 µl PBS resuspendiert. Nach Zugabe von 20 µl Proteinase K und 4 µl RNase A (100 mg/ml) wird 2 min inkubiert und anschließend nach dem Herstellerprotokoll des Qiagen DNeasy® Blood & Tissue Kit weiter verfahren. Die Elution der DNA erfolgt mit 100 µl dH$_2$O. Zur Konzentrationsbestimmung wurden 2 µl DNA auf 100 µl TE-Puffer verdünnt und an einem Photometer bei 260 nm gegen den TE Leerwert gemessen. Zur Überprüfung der Reinheit ist darauf zu achten, dass sich Quotient der optischen Dichten bei 260 nm und bei 280 nm zwischen 1.8 und 2 befindet. Die Lagerung der DNA erfolgt bei 4 °C im Dunkeln.

2.2.2.2 Polymerasekettenreaktion (PCR)

Die Polymerasekettenreaktion (polymerase chain reaction, PCR) dient der Vervielfältigung spezifischer Gene oder auch Transkripte und wurde erstmals in den späten 1980er Jahren von Mullis et al. beschrieben (Mullis, 1987). Heute ist diese Methode, die auf drei sich wiederholenden Schritten beruht, längst etabliert.

Nach einer Denaturierung des DNA-Doppelstrangs bei 95 °C binden Primer in der Annealingphase spezifisch an die DNA. Mit Hilfe von

Nukleotidtriphosphate (dNTP's) und einer hitzebeständigen DNA-Polymerase werden bei einer Temperatur von 72 °C nun komplementäre DNA-Stränge elongiert. Mit jeder Wiederholung dieses Vorgangs kann dabei die Anzahl der Amplifikate exponentiell ansteigen. In dieser Arbeit wurde standardmäßig mit einem PCR Master Mix (Fermentas), bestehend aus 0.05 U/µl Taq DNA Polymerase, Reaktionspuffer, 0.4 mM jedes dNTP's und 4 mM $MgCl_2$ amplifiziert (Abbildung 7).

Auf diese Weise wurden mit den unten aufgelisteten Oligonukleotiden PCR-Produkte für die Gene *KRAS, BRAF, TP53, EGFR* und *PIK3CA* vervielfältigt (Tabelle 2). Anschließend wurden die jeweiligen Amplifikate mittels Agarose-Gelelektrophorese auf Qualität und Größe überprüft. Hierfür werden 1.6 g Agarose mit 80 ml 1x TBE-Puffer vermischt und in einer Mikrowelle erhitzt. Nach Abkühlung auf unter 65 °C werden 5 µl Ethidiumbromid (10 mg/ml, EtBr) hinzugegeben und die Flüssigkeit nach kurzem Schwenken in einen dafür vorbereiteten Schlitten mit Taschenkamm eingefüllt. Nach vollständigem Aushärten des 2%igen Gels wird dieses mit 2 µl Marker und je einem Gemisch aus Probe und GBX im Verhältnis 1:5 beladen. Innerhalb einer halben Stunde und 90 V Spannung nähern sich die negativ geladenen DNA-Fragmente der Anode an, wobei sie abhängig von ihrer Größe mehr oder weniger stark von der Gel- Matrix aufgehalten werden. Eine Detektion der Amplifikate erfolgt durch EtBr, welches sowohl mit doppelsträngiger DNA interkaliert, als auch UV-Bereich emittiert.

1x Reaktionsansatz (25 µl)   Programm „55-35"

PCR Master Mix (2X)   12.5 µl

Forward primer (10 µM)   1 µl

Reverse primer (10 µM)   1 µl

dH$_2$O   8.5 µl

Template DNA (1 µg)   2 µl

Schritt	°C	Zeit	Zyklus
initiale Denaturierung	95	2min	1x
Denaturierung	95	30s	
Annealing	55	30s	35x
Extension	72	1min/kb	
finale Extension	72	10min	1x

Abbildung 7: Links: Zusammensetzung eines einfachen PCR- Reaktionsansatzes. Rechts: verwendetes PCR-Programm

Tabelle 2: Sequenzen der verwendeten Oligonukleotide der Gene *KRAS, BRAF, TP53, EGFR* und *PIK3CA*.

Gen	Abschnitt	Primer
KRAS	Exon 2	forward: 5'-AGGCCTGCTGAAAATGACTGAA-3' reverse: 5'-AAAGAATGGTCCTGCACCAG-3'
	Exon 3	forward: 5'-GGATTCCTACAGGAAGCAAGT-3' reverse: 5'-TGGCAAATACACAAAGAAAGC-3'
	Exon 4	forward: 5'-AGACACAAAACAGGCTCAGGA-3' reverse: 5'-AAGAAGCAATGCCCTCTCAA-3'
BRAF	Exon 15	forward: 5'-TGCTTGCTCTGATAGGAAAATG-3' reverse: 5'-AGCCTCAATTCTTACCATCCA-3'
TP53	Exon 4	forward: 5'-GTCCTCTGACTGCTCTTTTCACCCATCTAC-3' reverse: 5'-GGGATACGGCCAGGCATTGAAGTCTC-3'
	Exon 5	forward: 5'-CTTGTGCCCTGACTTTCAACTCTGTCTC-3' reverse: 5'-TGGGCAACCAGCCOTGTCGTCTCTCCA-3'
	Exon 6	forward: 5'-CCAGGCCTCTGATTCCTCACTGATTGCTC-3' reverse: 5'-GCCACTGACAACCACCCTTAACCCCTC-3'
	Exon 7	forward: 5'-GCCTCATCTTGGGCCTGTGTTATCTCC-3' reverse: 5'-GGCCAGTGTGCAGGGTGGCAAGTGGCTC-3'
	Exon 8	forward: 5'-GTAGGACCTGATTTCCTTACTGCCTCTTGC-3' reverse: 5'-ATAACTGCACCCTTGGTCTCCTCCACCGC-3'
EGFR	Exon 18	forward: 5'-TCCAAATGAGCTGGCAAGTG-3' reverse: 5'-TCCCAAACACTCAGTGAAACAAA-3'
	Exon 19	forward: 5'-GTGCATCGCTGGTAACATCC-3' reverse: 5'-TGTGGAGATGAGCAGGGTCT-3'
	Exon 21	forward: 5'-GCTCAGAGCCTGGCATGAA-3' reverse: 5'-CATCCTCCCCTGCATGTGT-3'

PIK3CA	Exon 9	forward: 5'-GACAAAGAACAGCTCAAAGCA-3' reverse: 5'-ACATGCTGAGATCAGCCAAA-3'
	Exon 20	forward: 5'-ATGATGCTTGGCTCTGGAAT-3' reverse: 5'-GCATGCTGTTTAATTGTGTGG-3'

forward = DNA- Bindestelle in Leserichtung der Taq- Polymerase, reverse = Bindestelle am komplementären DNA- Strang mit entgegengesetzter Leserichtung. Zur Erhöhung der Spezifität und Funktionalität der Primer wurden mindestens 19 Oligonukleotide mit hohen GC-Gehalt hergestellt.

2.2.2.3 Sequenzierung

Die Sequenzierungen wurden nach der Methode von Sanger im biologisch-medizinischen Forschungszentrum der Universität Düsseldorf (BMFZ) durchgeführt. Hierzu wurden ausreichende Mengen der PCR-Produkte (10-20 ng/µl) und Primer (10 µM) aliquotiert und an das BMFZ versendet.

Die entstandenen Elektropherogramme wurden anschließend mit den jeweils zum Gen passenden Referenzsequenzen verglichen.

2.2.2.4 RNA Isolierung

Die Isolierung der RNA beginnt mit der Zugabe von 1 ml Trizol in zuvor mit PBS gewaschene, zu 100 % bewachsene T25 Zellkulturflaschen. Nach kurzem Schwenken lösen sich die Zellen bereits vom Boden der Zellkulturflasche, sodass sie in ein 1.5 ml Reaktionsgefäß überführt werden können. Anschließend werden 200 µl Chloroform zugegeben und solange gevortext, bis sich das klare Chloroform mit dem pinkfarbenen Trizol vollständig vermengt hat. Nach dem Zentrifugieren für 15 min bei 12000 rpm und 4 °C sind drei Phasen im Reaktionsgefäß deutlich erkennbar. Die obere, klare Phase, die die RNA enthält, wird nun möglichst vollständig abpipettiert, mit 500 µl eiskaltem Isopropanol vermengt und über Nacht bei -20 °C fällen gelassen. Am folgenden Tag wird nach 10min Zentrifugieren bei 12000 rpm und 4 °C der Überstand verworfen und das Pellet in eiskaltem, 70%igem Ethanol resuspendiert. Nach 5 min Zentrifugation bei 7500 rpm und 4 °C wiederholt sich der Waschschritt mit Ethanol. Nach restlosem Entfernen des Überstandes trocknet das Pellet mindestens 15 min unter dem Abzug. Je nach Pelletgröße wird mit 30-50 µl DEPC-Wasser resuspendiert, und das Reaktionsgefäß anschließend für 10 min bei 70 °C erhitzt. Eine Lagerung erfolgt bei -80 °C. Wie bei isolierter DNA wird auch hier die Konzentration am Photometer bestimmt. Zur Qualitätskontrolle sollten im 1.5 %igen Agarosegel zwei charakteristische RNA-Banden, 28 S und 18 S, detektierbar sein.

2.2.2.5 cDNA Synthese

Um RNA in cDNA umzuschreiben, wird die gewonnene RNA zunächst auf eine Konzentration von 1 µg/10 µl verdünnt. Mit Hilfe der reversen Transkriptase MMuLV wird aus der als Einzelstrang vorliegenden RNA eine doppelsträngige cDNA synthetisiert. Für die Synthese wird Primer ODT 18 verwendet und entsprechend des Protokolls des First Strand cDNA Synthesis Kit (Fermentas) verfahren. cDNA wird bei -20 °C gelagert und je nach Versuch im Verhältnis 1:10 bis 1:20 verdünnt.

2.2.2.6 quantitative Echtzeit- PCR (qRT-PCR)

Diese PCR unterscheidet sich im Wesentlichen durch die Art der Messung von einer Endzeit- PCR (Kapitel 2.2.2.2.). Wird bei einer Endzeit-PCR üblicherweise nach Beendigung des PCR-Programms das amplifizierte Produkt kontrolliert, ist es hier möglich während des Programmablaufs die

Vervielfältigung eines bestimmten cDNA-Fragmentes zu untersuchen. Dies wird durch den Farbstoff SYBR Green® (Qiagen) ermöglicht, der mit der kleinen Furche doppelsträngiger cDNA assoziiert wird. Gebundener Farbstoff emittiert Licht der Wellenlänge 520 nm mit sehr viel höherer Intensität als ungebundener Farbstoff. So werden zu Beginn der PCR keine oder nur sehr geringe Emissionen gemessen, da nur eine kleine Menge cDNA im Ansatz vorhanden ist. Je größer die Menge an cDNA im Reaktionsansatz mit jedem Zyklus wird, desto höher ist die Wahrscheinlichkeit, dass SYBR Green gebunden vorliegt. Ab einem für jede Probe und jedes Zielgen spezifischen Punkt steigt die Fluoreszenz dann exponentiell mit der Anzahl der amplifizierten cDNA. Es ergibt sich ein spezifischer Wert, der genau den Zyklus angibt, an dem die Emission erstmals die Hintergrundstrahlung übertrifft: der Ct-Wert. Nach 45 Zyklen ist schließlich die stationäre Phase erreicht, in der sich Komponenten des Reaktionsansatzes sterisch behindern oder aber aufgebraucht sind. Im Anschluss beginnt die Messung der Schmelzkurve, bei der schrittweise die Temperatur von 72 °C bis 95 °C erhöht wird. Je nach Probe schmelzen hier bei einer spezifischen Temperatur die DNA-Doppelstränge zu Einzelsträngen auf. Für diese Arbeit wurde ausschließlich das Quanti Tect SYBR Green PCR Kit (Qiagen) nach unten aufgelistetem Pipettierschema und Programm verwendet (Abbildung 8). Die Auswertung erfolgte nach der ΔCt-Methode, bei der stets ein Referenzgen zum Vergleich mitgeführt wird.

1x Reaktionsansatz (15 µl)

Quanti Tect SYBR Green Mix 10 µl

Sense Primer (10 µM) 0.5 µl

Antisense Primer (10 µl) 0.5 µl

dH$_2$O 5 µl

cDNA (1:20 verdünnt) 4 µl

Programm „Standard qRT-PCR"

Schritt	°C	Zeit	Zyklus
Aktivierung Polymerase	95	15min	1x
Denaturierung	94	20s	
Annealing	55	30s	45x
Extension	72	30s	
Schmelzkurve (72-95°C)	je 0.5	30s	47x

Abbildung 8: Links: Zusammensetzung eines einfachen PCR- Reaktionsansatzes. Rechts: verwendetes PCR-Programm

Insgesamt wurden mit dieser Methode Transkripte von EGFR und sechs Egfr- Liganden bestimmt (Tabelle 3). Zur Auswertung wurden jeweils die mittleren Ct-Werte mit denen von Glyceraldehyd-3-phosphat-Dehydrogenase (GAPDH) ins Verhältnis gesetzt (ΔCt- Methode).

Tabelle 3: Sequenzen der verwendeten Oligonukleotide von EGFR und sechs Egfr- Liganden.

EGFR	forward: 5'-CACCACGTACCAGATGGATG-3' reverse: 5'-AGCCGTGATCTGTCACCAC-3'
Amphiregulin	forward: 5'-AAGCGTGAACCATTTTCTGG-3' reverse: 5'-AGCCAGGTATTTGTGGTTCG-3'
β-Cellulin	forward: 5'-TGGGAATTCCACCAGAAGTC-3' reverse: 5'-TCTCACACCTTGCTCCAATG-3'
Epiregulin	forward: 5'-CGTGTGGCTCAAGTGTCAAT-3' reverse: 5'-TGGAACCGACGACTGTCATA-3'
EGF	forward: 5'-CAGGGAAGATGACCACCACT-3' reverse: 5'-CAGTTCCCACCACTTCAGGT-3'
HeparinBinding-EGF	forward: 5'-GGTGGTGCTGAAGCTCTTTC-3' reverse: 5'-GCTTGTGGCTTGGAGGATAA-3'
TGF α	forward: 5'-TGTGTCTGCCATTCTGGGTA-3' reverse: 5'-GACCTGGCAGCAGTGTATCA-3'
GAPDH	forward: 5'-GAGTCCACTGGCGTCTTCA-3' reverse: 5'-GGGGTGCTAAGCAGTTGGT-3'

forward = cDNA- Bindestelle in Leserichtung der Polymerase, reverse = Bindestelle am komplementären cDNA- Strang mit entgegengesetzter Leserichtung. Zur Erhöhung der

Spezifität und Funktionalität der Primer wurden exonübergreifende Oligonukleotide mit hohen GC-Gehalt hergestellt.

2.2.2.7 Fluoreszenz in-situ Hybridisierung (FISH)

In diesem zytogenetischen Verfahren werden paraffin- eingebettete Proben mit einer Zielgen spezifischen, fluoreszenzmarkierten DNA-Sonde untersucht. Durch Bindung dieser Sonde kann mit Hilfe eines Fluoreszenzmikroskops das Zielgen lokalisiert werden. Gleichzeitig wird die Anzahl der Genkopien sowie strukturelle Chromosomenaberrationen detektiert.

In dieser Arbeit wurde das für die Diagnostik zugelassene ZytoLight Spec EGFR/CEN 7 Dual Color Probe (Zytovision) verwendet. Dieses Kit enthält eine mit ZyGreen grün markierte Sonde, die gegen Sequenzen des *EGFR*-Gens gerichtet sind. Als Referenz wird ZyOrange benutzt, das mit alpha- Satelliten Sequenzen des Zentromers von Chromosom 7 assoziiert ist.

Die Methode beginnt zunächst mit dem Entfernen des Paraffins vom Zelllinien-Array. Dies wird nach einem 10 min Backvorgang bei 70 °C mit Hilfe einer absteigenden Alkoholreihe erreicht. Nach 2 kurzen Waschschritten mit dH_2O wird mit vorgewärmter FISH Pretreatment Solution Citric I für 15 min bei 98 °C inkubiert. Nach sofortigem Spülen mit dH_2O und kurzer Trocknung wird anschließend eine Pepsin Solution tropfenweise zugegeben. Nach viereinhalb Minuten Inkubation bei 37 °C in einer Feuchtekammer erfolgen erneut Waschschritte mit 2 x SSC Solution und dH_2O. Anschließend werden die Schnitte mit einer aufsteigenden Alkoholreihe dehydriert. Nach vollständiger Trocknung werden 10 µl der Dual Color Probe auf den Objektträger pipettiert, der dann luftblasenfrei mit einen Deckglas abgedeckt wird. Nach der Versiegelung mit Fixogum, erfolgt die Denaturierung der DNA-Stränge bei 75 °C und für 10 min. Die Hybridisierungsreaktion erfolgt dann über Nacht bei 37 °C in einer Feuchtekammer. Am zweiten Tag werden zunächst Fixogum und Deckglas wieder entfernt, und mit 1 x WashBuffer A und ddH_2O gewaschen.

Anschließend werden 30 µl DAPI/Antifade Solution aufgetragen, der Objektträger erneut mit einem Deckglas abgedeckt und für 15 min lichtgeschützt inkubiert. Nach Entfernen überschüssiger DAPI-Lösung mit Filterpapier, kann der Schnitt unter dem Mikroskop ausgewertet werden. Es wurden standardmäßig je 100 Zellen der Interphase begutachtet und deren Auszählungen gemittelt. Eine Lagerung erfolgt bei 4 °C und im Dunkeln.

2.2.3 Proteinbiochemische Methoden

2.2.3.1 Proteinisolation

Zur Isolierung der Proteine wurden je nach Zelllinie eine entsprechende Zellmenge entweder in 6-well Platten oder in T25 Zellkulturflaschen herangezogen. Nach zweimaligem Waschen mit PBS, wird IEF-Puffer (Puffer zur isoelektrischen Fokussierung) zu 50 µl in jedes well bzw. zu 100 µl in eine T25 Flasche zugegeben und anschließend 15min auf Eis inkubiert. IEF- Puffer besteht aus 8 M Urea (Sigma), 1% CHAPS (Sigma), Bromphenolblau (Sigma), dH_2O, 1 x Complete Mini (Roche) und 0.01% Phosphatase Inhibitor Cocktail 2 (Sigma) und wird vor jeder Isolierung frisch hergestellt. Nach der Inkubation wird mit Hilfe eines Zellschabers und einer Pipette möglichst viel Zell-Puffer-Gemisch in ein 1.5 ml Reaktionsgefäß übertragen. Auf Eis werden alle Proben für einige Sekunden dem Ultraschall ausgesetzt, wodurch ein Aufschluss der Zellen erreicht wird. Anschließend wird für 10 min bei 4 °C und 12.000 g zentrifugiert. Der entstandene Überstand, der die Proteine enthält, wird vom Zelltrümmer-Pellet getrennt und bei -80 °C in 100 µl Aliquots eingefroren.

2.2.3.2 Konzentrationsbestimmung nach Bradford

Zur Bestimmung der Proteinkonzentration wurden zunächst die Proteine auf Eis aufgetaut. Unter Verwendung des Biorad Quick Start Bradford Dye Reagent wird nach dem unten dargestellten Schema eine Messreihe pipettiert und an einem Microplate-Reader gemessen (Tabelle 4). Hierbei beruht das Prinzip darauf, dass der Farbstoff der Bradford-Reagenz durch Bindung an Proteine von rot zu blau wechselt (Bradford, 1976). Je höher die Proteinkonzentration in einer Probe, desto bläulicher erscheint sie. Durch die Messung bei einer Wellenlänge von 570 nm kann dann mit Hilfe des mitgeführten Standards die Konzentration jeder Probe bestimmt werden. In dieser Arbeit wurden für jede Probe zweimal 200 µl Ansatz zusammen mit einer Standardreihe in eine 96-well Platte pipettiert, gemischt und anschließend die mittlere Konzentration berechnet.

Tabelle 4: Pipettierschema zur Erstellung einer Bradford- Reihe

	Aq. Dest. [µl]	Lysispuffer (IEF-Puffer) [µl]	BSA-Lösung (50 µl/ml) [µl]	Bradford-Reagenz [µl]	Protein-Extrakt [µl]
Leerwert	798	2	0	200	0
Standard 1.25 µg/ml	773	2	25	200	0
Standard 2.5 µg/ml	748	2	50	200	0
Standard 5 µg/ml	698	2	100	200	0
Standard 10 µg/ml	598	2	200	200	0
Standard 15 µg/ml	498	2	300	200	0
Standard 20 µg/ml	398	2	400	200	0
Probe	798	2	0	200	2

Aq. Dest. = destilliertes Wasser, IEF = Isoelektrische Fokussierung, BSA = Rinderserum-Albumin

2.2.3.3 SDS-Polyacrylamid-Gelelektrophorese (SDS-PAGE)

Zum isoelektrischen Auftrennen von Proteinen mit Hilfe eines Polyacrylamidgels ist zunächst wichtig, dass die Gel- Zusammensetzung an das zu detektierende Protein angepasst wird. Beim Nachweis kleiner Proteine sollten beispielsweise hochprozentige Gele mit dichter Struktur verwendet werden, da sich dann auch kleine Fragmente eher langsam der Anode nähern. Analog wurden zum Auftrennen großer Proteine niedrig- prozentige Trenngele hergestellt (Tabelle 5).

Nach Aushärtung des entsprechenden Trenngels wird mit einem Sammelgel überschichtet. Das Sammelgel enthält den Probenkamm und dient der Verdichtung der Proben, bevor sie dann distinkt in das Trenngel einlaufen. Ist auch dieses vollständig ausgehärtet, wird es zusammen mit 1 x Laemmli-Puffer in die Mini-PROTEAN-3-cell Apparatur gebracht, mit PageRuler™ Plus Prestained Protein Längenstandard und den Proben beladen. Diese wurden zuvor mittels IEF-Puffer auf 50 µg/ml verdünnt und mit 4 x SDS-Ladepuffer im Verhältnis 1:5 gemischt. Dieser SDS-Ladepuffer resultiert in gleichmäßig negativ geladenen Proteinen, die durch eine anschließende Inkubation für 10 min bei 95 °C denaturieren. Dadurch wird gewährleistet, dass sich die Proteine nur aufgrund ihrer Größe nicht aber aufgrund ihrer Ladung auftrennen. Die anschließende Gelelektrophorese fand bei 130 mV statt und wurde nach 1 h 20 min beendet.

Tabelle 5: Pipettierschema zur Erstellung von Polyacrylamidgelen.

Substanz	Trenngel (µl)				Sammelgel (µl)
	7.5%	10%	12.5%	15%	4.95 %
Aqua bidest.	3550	2716.5	1882.5	1050	1380
1M Tris/HCl pH 8.8	3750	3750	3750	3750	-
1M Tris/HCl pH 6.8	-	-	-	-	250
Acrylamid 30%/0.8%	2500	3333	4167	5000	330
10% SDS	100	100	100	100	20
10% APS	100	100	100	100	20
Temed	6.65	6.65	6.65	6.65	2

bidest, = zweifach destilliert, Tris = Tris(hydroxymethyl)-aminomethan, HCl = Hydrogenchlorid, SDS = sodium dodecyl sulfat, APS = Ammoniumpersulfat, Temed = N, N, N', N', - Tetramethylethylendiamin

2.2.3.4 Western Blot

Für den Transfer der im Gel aufgetrennten Proteine auf eine Nitrocellulosemembran gibt es zwei Möglichkeiten, die beide in dieser Arbeit Verwendung fanden.

Bei einem semi-dry Blot erfolgt der elektrophoretische Transfer der Proteine von Gel auf Membran mit Hilfe von Flächenelektroden eines Elektroblotters. Aufgrund der Anordnung der Pole wurde im Elektroblotter in folgender Reihenfolge aufgebaut: zwei Whatman-Papiere, Membran, Gel und wiederum zwei Whatman-Papiere. Bei einer Spannung von 130 mA und unter Kühlung mit Eis wird für 45 min geblottet.

Bei einem Nass Blot wird innerhalb einer speziellen Gelkassette in folgender Reihenfolge geschichtet: ein Faservlies, zwei Whatman-Papiere, Gel, Membran, zwei Whatman-Papiere und wiederum ein Faservlies. Anschließend wird die Gelkassette nach den Vorgaben des Herstellers verschlossen und in die Mini Trans-Blot Cell Spannungskammer gestellt. Nach Befüllung mit Transferpuffer, der aus 233 mM Glycin, 31 mM Tris, 25% (V/V) MeOH besteht, erfolgt der Transfer unter ständiger Kühlung für 1 h 30 min bei 200 mA.

2.2.3.5 Immundetektion

Zur Überprüfung des Transfers kann zum einen der vollständige Übertrag des Längenstandards dienen, zum anderen kann die Membran für wenige Minuten mit einer Ponceau-Färbelösung (0.1% Ponceau in 5%iger Essigsäure) inkubiert werden. Hierdurch werden alle sich auf der Membran befindlichen Proteine reversibel gefärbt. Zusätzlich werden fehlerhafte Stellen sichtbar gemacht.

Nach dem die Ponceau-Lösung mit destilliertem Wasser entfernt wurde, folgt eine einstündige Inkubation mit einer 1% Blocking-Lösung. Sie besteht aus 3% Trockenmilchpulver, 1% BSA gelöst in 1 x TBS und dient der Absättigung unspezifischer Antikörperbindungen. Anschließend wird bei ständiger Bewegung und 4 °C über Nacht mit einem der folgenden Primärantikörper inkubiert (Tabelle 6).

Tabelle 6: Auflistung der Primärantikörper und deren Verwendung.

Primärantikörper	Verdünnung	Inkubationslösung
anti-αTubulin	1:5000	0.5% Blocking-Lösung
anti-AKT	1:1000	5% w/v BSA in 1xTBS mit 0.1% Tween-20
anti-phosphoAKT	1:2000	5% w/v BSA in 1xTBS mit 0.1% Tween-20
anti-EGFR	1:1000	5% w/v BSA in 1xTBS mit 0.1% Tween-20
anti-phosphoEGFR	1:1000	5% w/v BSA in 1xTBS mit 0.1% Tween-20
anti-ErbB2	1:1000	0.5% Blocking-Lösung
anti-GAPDH	1:5000	0.5% Blocking-Lösung
anti-MAPK	1:1000	5% w/v BSA in 1xTBS mit 0.1% Tween-20
anti-phosphoMAPK	1:2000	5% w/v BSA in 1xTBS mit 0.1% Tween-20
anti-p53	1:1000	0.5% Blocking-Lösung
anti-PARP	1:1000	5% w/v Trockenmilch in 1xTBS mit 0.1% Tween-20
anti-pTEN	1:1000	5% w/v BSA in 1xTBS mit 0.1% Tween-20

Je nach Antikörper wurden spezifische Inkubationslösungen angesetzt und der Antikörper in der angegebenen Konzentration zugeführt. BSA = Rinderserum Albumin, TBS = Tris buffered saline

Am folgenden Tag wird mit zwei aufeinanderfolgenden 15 min Waschschritten in 1xTBST (1 x TBS mit 0.1% Tween-20) begonnen. Anschließend wird 30 min mit einer 1% Blocking-Lösung geblockt. Unter ständiger Bewegung folgt eine einstündige Inkubation im Dunkeln und bei RT mit einem Sekundärantikörper. In dieser Arbeit wurden ausschließlich der goat-anti-rabbit- bzw. der goat-anti-mouse-Antikörper (Pierce) in einer Verdünnung von 1:5000 verwendet. Diese Sekundärantikörper sind horse reddish peroxidase (HRP)- gekoppelt und binden unspezifisch an Primärantikörper aus der Gattung Kaninchen bzw. Maus. Nach zwei erneuten Waschschritten mit 1 x TBST wird letztlich mit Hilfe des Lumi-Light Western Blotting Substrate Kit eine Reaktion ausgelöst, bei der das Enzym HRP mit Luminol oxidiert. Die dabei entstehenden Lichtemissionen werden mittels eines Röntgenfilms festgehalten (Abbildung 7).

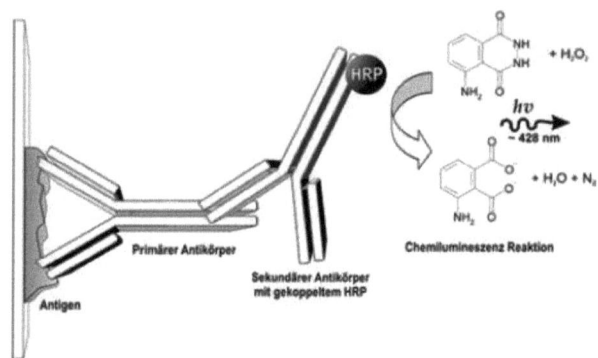

Abbildung 7: Prinzip der indirekten Immundetektion. Das Ziel- Protein wird spezifisch durch den primären Antikörper gebunden und verdrängt somit die unspezifische Bindung der Absättigung. Der sekundäre Antikörper bindet unspezifisch an die Primärantikörper und katalysiert durch das gekoppelte Enzym Meerrettichperoxidase (HRP) die Chemolumineszenzreaktion.
(Quelle: http://upload.wikimedia.org/wikipedia/commons/b/b3/ECL.jpg)

2.2.3.6 Immunhistologie

Zum immunhistochemischen Anfärben von Proteinen werden von dem hergestellten Zelllinien-Array (Kapitel 2.2.1.4.) mit Hilfe eines Mikrotoms mehrere 2 µm dünne Schnitte angefertigt, die dann für 10 min bei 100 °C auf Objektträger gebacken werden. Zur Entfernung des Paraffins durchlaufen diese Schnitte anschließend eine absteigende Alkoholreihe. Die Detektion des Proteins findet schließlich nach der gängigen Strept-Avidin-Biotin-Methode statt (Alldinger, 2007). Hierbei werden mit Hilfe von Avidin zunächst endogene Biotine abgesättigt. Anschließend werden spezifische Primärantikörper zur

Antigen-Erkennung eingesetzt, an die ein Sekundärantikörper assoziiert. Die mehrfache Biotinylisierung dieses Antikörpers führt zur Bindung von markiertem Streptavidin, welches das zugegebene Chromogen 3'3-Diaminobenzidin (DAB) in eine sichtbare, bräunliche Färbung umsetzt (Abbildung 8). Üblicherweise erfolgt eine Gegenfärbung der Zellkerne mit Hämalaun-Lösung.

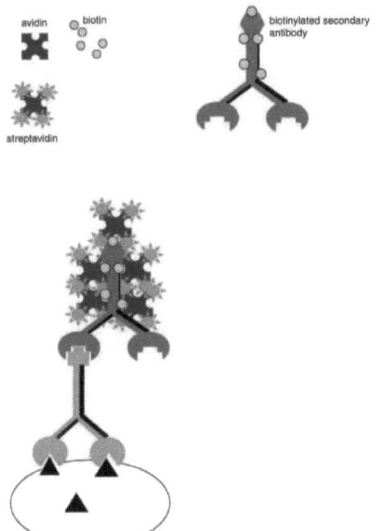

Abbildung 8: schematische Darstellung der Immunhistochemie nach Strept-Avidin-Biotin-Methode. Nach spezifischer Bindung des Primärantikörpers an das Zielprotein erfolgt die unspezifische Bindung eines biotinysilierten Sekundärantikörpers. Durch Bindung von Streptavidin und dem anschließenden Umsatz von DAB wird das Zielprotein schließlich detektierbar. (Quelle: http://media.wiley.com/CurrentProtocols/NS/ns0212/ns0212-fig-0002-1-full.jpg)

Durch ein 15 min Kochen in Citratpuffer pH 6 wurden die Quervernetzungen des Paraffins auf den bereits gebackenen Objektträgern gelöst. Nach 10 min Behandlung mit H_2O_2 werden mittels Avidin 15 min lang die Bindungsstellen des endogen vorkommenden Biotins blockiert. Nach dem Waschen mit Wasser folgen die Schritte 15 min Inkubation mit Biotin, Waschung mit 0.03% TritonX-100-Lösung und 30 min Inkubation mit Primärantikörper Nach erneuter Waschung wird für jeweils 15 min Sekundärantikörper und Tertiärreagenz inkubiert Nach weiteren Waschschritten mit Wasser und 0.03% TritonX-100- Lösung wird für 10 min mit DAB behandelt. Nach dem Spülen mit Wasser folgt für 7min die Inkubation in Hämalaun-Lösung, mit der aufgrund ihrer Affinität zu Nukleinsäuren die Zellkerne blau gefärbt werden. Anschließend wird wieder gespült, dann werden die Objektträger in einer aufsteigenden Alkoholreihe getrocknet und schließlich versiegelt. Für diese Arbeit wurden Präparate der Kolonkarzinom-Zelllinien mit den unten aufgelisteten Antikörpern gefärbt (Tabelle 7). Die Auswertung erfolgte am Olympus CK 2 Mikroskop unter Verwendung der Immunreaktiver Score (IRS)-Methode (Remmele und Stegner, 1987).

Tabelle 7: Auflistung der zur immunhistochemischen Untersuchungen verwendeten Primärantikörper

Antikörper	Verdünnung	Bezugsquelle
anti-EGFR	1:1	DakoCytomation
anti-ErbB2	1:250	DakoCytomation
anti-MLH1	1:240	BD Pharmingen
anti-MSH2	1:80	Oncogene Research
anti-MSH6	1:600	BD Bioscience
anti-PMS2	1:300	BD Pharmingen
anti-pTEN	1:100	Cell Signaling

2.2.1 Funktionelle Untersuchungen

2.2.4.1 Inkubation mit Panitumumab, Cetuximab und Irinotecan

Für die funktionellen Untersuchungen wurden die Medikamente Panitumumab, Cetuximab und Irinotecan eingesetzt. Sowohl die monoklonalen Antikörper, als auch Irinotecan werden gebrauchsfertig in Kochsalzlösung geliefert und je nach Versuchsaufbau unter sterilen Bedingungen mit Nährmedium verdünnt. Eine Inkubation mit einem bzw. einer Kombination der Medikamente erfolgt hierbei stets 24 h nach Aussiedlung der Zellen.

Zur Ermittlung der optimalen Konzentration der beiden anti-EGFR-Antikörper Pmab und Cmab, bei der eine möglichst geringe Dosis einen hohen Effekt erzielt, wurden folgende Konzentrationen eingesetzt: 0.01 µg/ml; 0.1 µg/ml; 1 µg/ml; 10 µg/ml und 100 µg/ml. Für Irinotecan wurden folgende Konzentrationen verwendet: 100 nM, 300 nM, 1 µM, 3 µM, 10 µM, 30 µM, 100 µM. Anschließend wurden für die Kombinationsexperimente 10 µg/ml Pmab und Cmab, sowie 5 µM Irinotecan benutzt.

2.2.1.2 Inkubation mit EGF

Human epidermal growth factor (hEGF, EGF) wird in Pulverform geliefert. Mit Hilfe von sterilem PBS wurde eine Stocklösung mit 50 µg/ml hergestellt, die abhängig vom Experiment auf die gewünschte Konzentration verdünnt wird. Zur Verdünnung wurde hierfür Medium ohne weitere Zusätze verwendet. Eine Behandlung mit EGF erfolgte zunächst mit 0.3 nM; 3nM und 30nM, im Kombinationsversuch mit Pmab und Cmab wurden dann 10 nM herangezogen.

2.2.4.3 Immunfluoreszenz

Ähnlich der Immundetektion (Kapitel 2.2.3.5.) handelt es sich bei der Immunfluoreszenz ebenfalls um eine indirekte Methode des Proteinnachweises. Es binden spezifische Antikörper an das gesuchte Protein, die wiederum von gegen den primär Antikörper gerichteten Sekundärantikörpern erkannt werden. Ein wesentlicher Unterschied besteht darin, dass statt eines Chemolumineszenz-katalysierenden Enzyms direkt ein emittierender Fluoreszenzfarbstoff an den Sekundärantikörper gebunden ist. Ein weiterer Unterschied liegt in der strukturerhaltenden Fixierung lebender Zellen, durch die eine Aussage zur Lokalisation des gesuchten Proteins in der Zelle ermöglicht wird.

Zunächst wurden eine an die jeweilige Zelllinie angepasste Zellzahl in eine 6-well Platte ausgesiedelt, die dann für 24 h bei 37 °C und 5% CO_2-Begasung inkubiert. In jedes well dieser Platte wurde zuvor je ein mit 70% Ethanol sterilisiertes Deckgläschen gebracht. Am nächsten Tag wird zu den Zeitpunkten 6 h, 2 h, 45 min, 15 min und 5 min je mit 1 µl Pmab behandelt, was einer Konzentration von 10 µg/ml entspricht. 5min nach der letzten Pmab-Zugabe wird das Medium abgenommen, 2 x mit PBS gewaschen und für 30 min 3.7%ige Formaldehydlösung zugegeben. Anschließend werden die durch Formaldehyd fixierten Zellen für 5 min mit 0.1 M Glycin-Lösung von überschüssigen Aldehyden befreit. Es folgt eine 1min Inkubation mit 0.1% Triton-X-100- Lösung, was dazu führt, dass die Zellmembranen permeabilisiert werden. Nach 3 x Waschen mit PBS wird mittels einer 1%igen BSA/PBS-Lösung 30 min geblockt. Nach einem kurzen Spülschritt mit PBS wird das Deckgläschen mit der Oberseite nach unten auf 20 µl Antikörper-Blocking-Lösung gelegt. Mit dieser Lösung, bestehend aus 1% BSA/PBS und einem Alexa Fluor® 555 konjugierten anti-EGFR-Antikörper in der Verdünnung 1:50, wird eine Stunde im Dunkeln inkubiert. Anschließend wird 5 x mit PBS gewaschen und für eine Stunde mit dem Sekundärantikörper goat-anti-human-FITC in der Verdünnung 1:50 inkubiert. Nach erneuten 5 Waschschritten mit PBS wird für 15 min mit 10 µl gebrauchsfertigem Dapi II inkubiert und schließlich mit Hilfe von Vectashield und Nagellack die Deckgläschen auf Objektträgern versiegelt.

2.2.1.1 Zytotoxizitätsassay

Zum Nachweis einer Zytotoxizität wird hier das gelbe, wasserlösliche Tetrazoliumsalz 3-(4,5-dimethylthiazol-2-yl)-2,5-diphenyltetrazoliumbromid (MTT) verwendet. Nach Zugabe von MTT zu einer Zellkultur erfolgt in lebenden Zellen die Aufnahme und anschließend die Spaltung des Farbstoffes am aktiven Mitochondrium (Bernas, 2002). In dieser Reduktionsreaktion entsteht blaues, wasserunlösliches Formazansalz, dessen Extinktion bei 570nm an einem Photometer gemessen wird. Bei einer hohen optischen Dichte kann aufgrund des direkten Zusammenhangs auf eine hohe Vitalität der Zellen geschlossen werden und umgekehrt (Mosmann, 1983).

Zunächst werden abhängig vom Experiment 7500- 25.000 Zellen pro well einer 96-well Platte ausgesiedelt und über Nacht bei 37 °C und 5% CO_2-Begasung inkubiert. Am Folgetag wird die gewünschte Konzentration jedes Medikamentes in Medium angesetzt und im Verhältnis 1:1 mit dem in der Platte vorhandenen Medium gemischt. Nach 72 Stunden Inkubation werden in jedes well 20 µl MTT (5 mg/ml) pipettiert und zurück in den Inkubator gestellt. Nach 4 Stunden wird das Medium mit einer Vakuumpumpe abgesaugt, wobei darauf geachtet wird nicht den Boden zu berühren. Nach Zugabe von 200 µl DMSO lösen sich die blauen Formazankristalle, so dass deren Extinktion schließlich gemessen werden kann. Alle Werte wurden fünf- bis sechsfach und in drei unabhängigen Experimenten bestimmt.

2.2.4.5 Durchflusszytometrische Analyse des Zellzyklus

Als Durchflusszytometrie wird ein Messverfahren bezeichnet, das einzelne Zellen nach ihren Eigenschaften sortiert. Hierbei werden die Zellen durch eine Mikrokanal-Kapillare vereinzelt und passieren anschließend einen Laserstrahl. Dieser wird je nach Form, Färbung und Struktur einer jeden Zelle unterbrochen, abgelenkt, gestreut und/oder abgeschwächt. Alle diese Effekte werden mit Hilfe eines Detektors erfasst und als quantitative Messwerte dargestellt.

Bei einer Analyse des Zellzyklus werden folgende Komponenten näher betrachtet: Das Vorwärtsstreulicht (forward Scatter, FSC) steigt mit dem Volumen der passierende Zelle und ist daher ein Maß für die Größe einer Zelle. Mit einem ansteigenden Seitwärtsstreulicht (side Scatter, SSC) kann auf zunehmende Granularität einer Zelle geschlossen werden (Abbildung 9). Der Fluoreszenzlaser 3 (FL3) eignet sich für die Messung des Farbstoffs Propidiumiodid (PI), da er ein Absorptionsmaximum bei 675 nm besitzt. Durch eine Interkalation von PI mit DNA- Doppelsträngen stehen die Fluoreszenz-Emissionen hierbei in direktem Zusammenhang zum DNA-Gehalt der gemessenen Zelle. Abhängig von der jeweiligen Phase, die eine Zelle während der Mitose durchläuft, befindet sich eine unterschiedliche Anzahl von Chromosomensätzen in der Zelle. Ist eine Zelle beispielsweise in der G2/M-Phase des Zellzyklus, besitzt sie einen zweifachen Chromosomensatz (4n) und lässt sich aufgrund der intensiveren PI-Strahlung klar von den anderen Phasen abgrenzen.

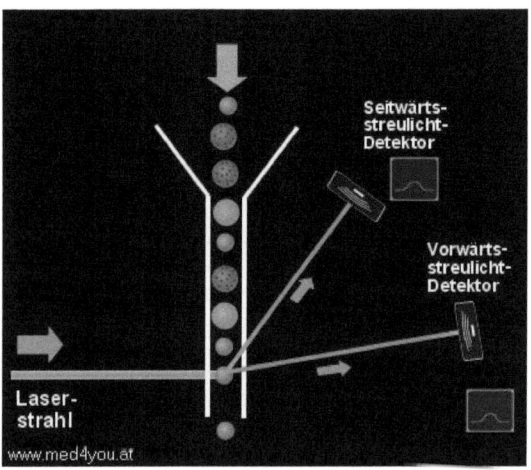

Abbildung 9: schematische Darstellung der Grundlagen einer Durchflusszytometrie. Während eine Zelle den Laserstrahl passiert, treten Streuung auf, die mit Hilfe der Detektoren in quantitative Messwerte umgewandelt werden. (Quelle: www.med4you.at)

Die Versuchsdurchführung beginnt mit der Aussiedlung von 1 Mio. Zellen in T25 Zellkulturflaschen. Nach Inkubation für 24 h bei 37 °C und 5% CO_2-Begasung wird am folgenden Tag Medium mit 1 µg/ml Pmab, 1 µM Irinotecan oder ihrer Kombination vermischt, und gegen das vorhandene Medium ausgetauscht. Nach erneuter Inkubation bei 37 °C und 5% CO_2-Begasung für 48 h wird das Medium einer jeden T25 Zellkulturflasche zusammen mit den zugehörigen Zellen gesammelt und für 10 min bei 250 g zentrifugiert. Der Überstand wird verworfen und die Zellen mit 1 ml kalten PBS in ein 1.5 ml Eppendorfreaktionsgefäß überführt. Anschließend wird noch zweimal mit PBS gewaschen. Nach Resuspension des Zellpellets in 200 µl PBS wird mit 1 ml 70%igen Ethanol bei 4 °C über Nacht fixiert. Schließlich wird das Ethanol vorsichtig entfernt, einmal mit PBS gewaschen und für 20 min bei RT mit 500 µl PI-Färbelösung (50 µg/ml PI, 200 µg/ml RNase A in PBS) inkubiert. Zum Messen wird in einem 3.5 ml Röhrchen 400 µl gefärbte Zellsuspension im Verhältnis 1:1 mit PBS vermischt.

2.2.1.3 Statistik

2.2.4.6.1 Chi^2- Test und Student's t- Test

Der Chi^2- Test (X^2) dient der Überprüfung einer Häufigkeitsverteilung von nominal skalierten Parametern. Mit Hilfe der entsprechenden Windows Excel-Funktion wurde ermittelt, in wie weit die beobachteten Werte denen der Erwartung entsprechen. Als Ergebnis erhält man einen p- Wert, der die Signifikanz zur Abhängigkeit bzw. Unabhängigkeit der getesteten Variablen wiedergibt. Als signifikant wurden Werte von $p \leq 0.05$ eingestuft.

Der Student's t- Test wird verwendet um einen Unterschied zwischen metrischen und normalverteilten Messwerten (Stichproben) zweier Gruppen (Grundgesamtheiten) zu bestimmen. Auch hier ist das Ergebnis ein p- Wert, der ab $p \leq 0.05$ eine signifikante Abweichung zur Nullhypothese darstellt.

2.2.4.6.2 Berechnung von synergistischen Effekten

Zur Berechnung von synergistischen oder antagonistischen Effekten bei einer kombinatorischen Behandlung mit den monoklonalen Antikörpern und Irinotecan wurde die ursprünglich von Berenbaum et. al. etablierte Berechnung konzentrationsadditiver Effekte herangezogen (Berenbaum, 1978). Hierbei werden die Konzentrationen der Kombinationsbehandlung je mit denen der Einzelbehandlung ins Verhältnis gesetzt und letztlich addiert (Abbildung 10).

$$\frac{c_P}{Ec_{x,P}} + \frac{c_I}{Ec_{x,I}} = 1$$

Abbildung 10: Formel zur Berechnung des Kombinationsindex (CI). Ein CI < 1 wird als Synergismus definiert, CI = 1 zeigt additive Effekte, CI > 1 steht für Antagonismus. c_P und c_I = Konzentrationen der Kombinationsbehandlung mit Pmab- und Irinotecan, $Ec_{x,P}$ und $Ec_{x,I}$ = Konzentrationen der Einzelbehandlung, bei der derselbe Effekt erzielt wird.

3. Ergebnisse

3.1 Konstitutionelle Aktivierung des EGFR- Signalwegs in Kolonkarzinom – Zelllinien

Die deregulierte Aktivierung des EGFR- Signalwegs stellt ein wichtiges Ereignis für die Entstehung und Progression des kolorektalen Karzinoms dar, so dass sich die Inhibierung des Signalwegs als Rationale für eine zielgerichtete Therapie anbietet. Die Mechanismen der Aktivierung erfolgen entweder durch eine Deregulation von EGFR selbst oder durch Veränderungen bei einem der Downstream- Moleküle. In dieser Arbeit sollen die Effekte, die eine solche Aktivierung in Bezug auf die Signalweitergabe, die Proliferation und den Zellzyklus besitzt, untersucht werden. Mit diesen gewonnenen Daten soll dann ermittelt werden, welcher Einfluss sich daraus auf eine Sensitivität gegenüber der anti-EGFR- Antikörpertherapie ergibt.

3.1.1 Identitätsbestimmung des Zelllinienkollektivs

Um zunächst die Identität der hier verwendeten Zelllinien zu bestätigen und eventuelle Kreuzkontaminationen auszuschließen, wurde DNA einer jeden Zelllinie isoliert und in Zusammenarbeit mit dem Institut für Rechtsmedizin (HHU, Düsseldorf) genetisch analysiert. Mit Hilfe des Multiplex PCR- Systems wurden für jede Zelllinie insgesamt 14 verschiedene short tandem repeat (STR)- Marker amplifiziert und über eine Fragmentlängenanalyse typisiert. Die ermittelten Allelmuster wurden untereinander und mit den Angaben der Bezugsquelle verglichen (Tabelle 8).
Es kann gezeigt werden, dass sich fast alle Zelllinien individuell unterscheiden und – sofern vorhanden – mit den Daten der Bezugsquelle übereinstimmen. Bei

den sehr ähnlichen Zelllinien Colo205 und Colo206F, sowie DLD1 und HCT15 handelt es sich um unterschiedliche Tumoren des gleichen Patienten.

Tabelle 8: DNA- Fingerprint - Analyse der 15 Kolon- Zelllinien.

cell line	AMY	VWA	SE33	TH01	D21S11	D8S1179	D3S1358	FGA	D18S51	D19S433	TPOX	D16S539	D5S818	D2S1313
CaCO2	XX (XY)	16-18	21	6	30	12	14	19	12	15	9-11	12-13	12	30
Colo 205	X	15	18	8-9	30.2-33.2	9-14	16	21-23	18	13-14	11	12-13	10-13	17-18
Colo 206 F	X	15	18	8-9	30.2-33.2	9-14	16	23	18	13-14	11	12-13	10-13	17-18
Colo 320	X	15-18	28.2	9	33.2	13	17	20	15	16.2	8-9	11-12	12	18-25
DLD 1	XY	18-19	18-27.2	7-9.3	29-32.2	15	17	22	11-17	14-16	8-11	12-13	13	17-25
HCA 7	X	14-16	17-27.2	6-7	26-28.2 -29.2	11-14	15-18	23	13-18	12-13	8-10	10-11	9-11-12	16
HCT 15	XY	18-19	18-27.2	7-9.3	29-32.2	15	17	22	11-17	14-16	7-9.3	12-13	13	17-25
HCT 116	XX (XY)	17-22	12-13 -26.2	8-9	29-30	14	12-18	18-23	16-17	12	8 (8-9)	11-13	10-11	16
HT29 P	XX	17-19	21	6-9	29-30	10-16	15-17	20-22	13	14	8-9	11-12	11-12	19-23
KM12c	XX	16-17	22-26-27	9.3	27-34.2	11-12-13	14	20-22	13	11-14	11-12	11	10-16	22-24
LOVO	XY	17-18	19.2-25.2	9.3	29-31.2	10	14-17	18-20	13-18	14-15	8 (8-9)	9-12	11-13 (11-12-13)	17-18
SW 48	XX	18-20	15-23.2	6-9.3	28-31	13-14	14-15	20	13	14	8	11-13	10-14	19-27
SW 403	X	14-18	25.3-30.2	6	28-29	11-14	15	19	17	17-18.2	8-9	10-12	11	24
SW 480	X	16	19.2-30.2	8	30-30.2	13	15	24	13	13	11	13	13	17-24
SW 948	X	16-18	25.2-29.2	6-9.3	25.2-29	12-14	16	24	19	13-15	8-11	11-12	11	17-24

Für jede Zelllinie wurden 14 Markergene ausgewertet. Die Zahlen bezeichnen die Größen der gefundenen Markergen- Kopien. X und Y sind Marker zur Geschlechtsbestimmung. Bei Abweichungen sind die Angaben der Bezugsquelle blau dargestellt. Grau hinterlegte Zeilen weisen ähnliche, genetische Profile aus.

3.1.2 Deregulation des EGF- Rezeptors

In anderen malignen Tumoren gibt es hauptsächlich vier mögliche Veränderungen von EGFR, die mit einer Fehlregulation in der Signaltransduktion in Zusammenhang stehen (Kapitel 1.2.4.1): Mutationen, Genamplifikationen, erhöhte Koexpressionen anderer ErbB- Mitglieder sowie autokrine Stimulationen. Zur Bestimmung der Deregulationen von EGFR im Kollektiv der 15 Zelllinien wird im Folgenden gezielt auf alle vier Fehlregulationsmechanismen eingegangen.

3.1.2.1 EGFR- Mutationsstatus

Mutationen in *EGFR* betreffen im kolorektalen Karzinom meist die Exone 18, 19 und 21, die für die intrazelluläre Tyrosinkinase- Domäne codieren. Somit führt eine Mutation in *EGFR* entweder zu einer konstitutiven Aktivierung nachgeschalteter Signalwege oder zum Funktionsverlust von Egfr. Daraus können sich nicht nur Fehlregulationen in der Signalweitergabe, sondern auch Veränderungen im Zellzyklus bzw. in der Sensitivität gegenüber einer Antikörpertherapie ergeben. Daher wurde mittels DNA – Amplifikation und Sequenzierung der Status von *EGFR* im Set der 15 Kolonkarzinom- Zelllinien bestimmt. Zusätzlich wurde Exon 13 untersucht, da sich hier häufig ein Polymorphismus in Codon 521 findet (Arg521Lys).

Insgesamt konnten Mutationen in *EGFR* lediglich bei SW48 festgestellt werden, für acht Zelllinien wurde der bekannte Polymorphismus Arg521Lys detektiert (Tabelle 9).

Tabelle 9: *EGFR*- Mutationsanalyse in 15 Kolonkarzinom- Zelllinien.

	CaCo2	Colo 205	Colo 206 F	Colo 320	DLD-1	HCA-7	HCT 116	HCT 15	HT 29 P	KM12c	LOVO	SW48	SW403	SW480	SW948
EGFR Exon 18-21	WT	WT	WT	WT	WT	WT	WT	WT	WT	WT	WT	Gly719 Ser, Tyr1016 His	WT	WT	WT
EGFR Exon 13 Polymorphismus	Arg521 Lys	WT	WT	Arg521 Lys	Arg521 Lys	Arg521 Lys	WT	Arg521 Lys	Arg521 Lys	WT	Arg521 Lys	WT	WT	WT	Arg521 Lys

WT = Wildtyp- Status für *EGFR*

3.1.2.2 Genetische Aberrationen von EGFR

Um auf *EGFR*- Genamplifikationen zu untersuchen, wurde im Kollektiv der Kolonkarzinom- Zelllinien die Methode der FISH (Kapitel 2.2.2.7.) durchgeführt. Diese Methode erlaubt es, die sich auf Chromosom 7 befindlichen Gene *EGFR*, sowie den Zentromerbereich als Referenz durch spezifische Fluoreszenzfarbstoffe gleichzeitig zu detektieren. So können Aussagen über die

Anzahl der Genkopien und über vorhandene, strukturelle Chromosomenaberrationen getroffen werden. In Abbildung 11 ist die Detektion von *EGFR* exemplarisch für die Zelllinie CaCO2 dargestellt. Es zeigt sich, dass in diesem Fall vier Signale sowohl für *EGFR*, als auch für die zugehörige Referenz in einem Zellkern vorhanden sind. Das heißt CaCO2 ist für den hier untersuchten Bereich von Chromosom 7 tetraploid.

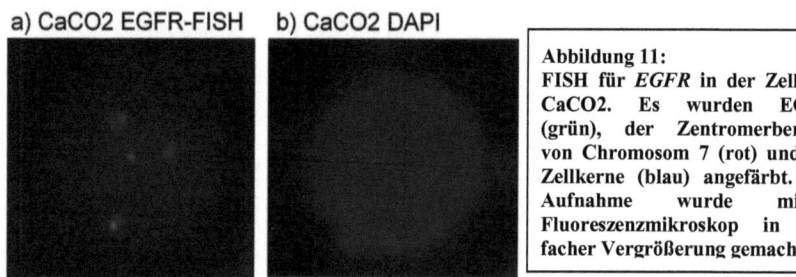

Abbildung 11:
FISH für *EGFR* in der Zelllinie CaCO2. Es wurden EGFR (grün), der Zentromerbereich von Chromosom 7 (rot) und die Zellkerne (blau) angefärbt. Die Aufnahme wurde mittels Fluoreszenzmikroskop in 400 facher Vergrößerung gemacht.

Tabelle 10 zeigt nun die Ergebnisse der FISH am Kollektiv der Kolonkarzinom-Zelllinien. Für 10 der 15 Zelllinien wurden diploide Signale für Chromosom 7 detektiert, drei Linien zeigen triploide Bereiche und CaCO2 als einzige Zelllinie einen tetraploiden Bereich für Chromosom 7.

Tabelle 10: Ergebnisse der EGFR- FISH bei Kolonkarzinom- Zelllinien.

	CaCo2	Colo 205	Colo 206 F	Colo 320	DLD-1	HCA-7	HCT 116	HCT 15	HT 29 P	KM12c	LOVO	SW48	SW403	SW480	SW948
EGFR (EGFR-signals/control -signals)	4/4	3/3	3/3	2/2	2/2	2/2	2/2	2/2	3/3	2/2	2/2	2/2	2/2	-	2/2

Es werden die ermittelten EGFR- Signale mit den jeweiligen Kontrollsignalen angegeben.

3.1.2.3 Expressionsstatus von EGFR

Eine Deregulation des EGFR- Signalweges kann grundsätzlich auch durch eine Überexpression von EGFR selbst oder von ERBB2 als möglichem Partner für die Dimerbildung erfolgen. Dies soll im Nachfolgenden näher untersucht werden.

3.1.2.3.1 EGFR- mRNA- Expression

Zur Bestimmung einer solchen Überexpression wurde mit Hilfe der quantitativen, realtime-PCR (Kapitel 2.2.2.6.) das RNA- Level von *EGFR* in den 15 Zelllinien untersucht. Die relative mRNA-Expression wurde anhand der ΔCt- Methode bestimmt, wobei die Expressionen von *GAPDH* als interne und die Expression einer RNA- Mischung aus epithelialen und nicht-epithelialen Tumor-Zelllinien als externe Referenz verwendet wurde. Für die *EGFR*-Transkripte aller Zelllinien ergeben sich ΔCt- Werte im Mittel von 15,69 (Abbildung 12). Die geringste, relative Expression findet sich für Colo 320. Unter Annahme einer Verdopplung pro Zyklus ist sie um das ca. 8- fache geringer als der Durchschnitt und sogar um das etwa 64- fache niedriger als bei SW48 und LOVO, den Zelllinien mit den höchsten Expressionen. Schließlich fällt bei der Betrachtung der Ergebnisse auf, dass trotz der zwei Substitutionen des *EGFR*-Gens in SW48 ein hohes Level an mRNA detektierbar ist.

Abbildung 12: relative Expression der EGFR-mRNA in den Kolonkarzinom- Zelllinien.

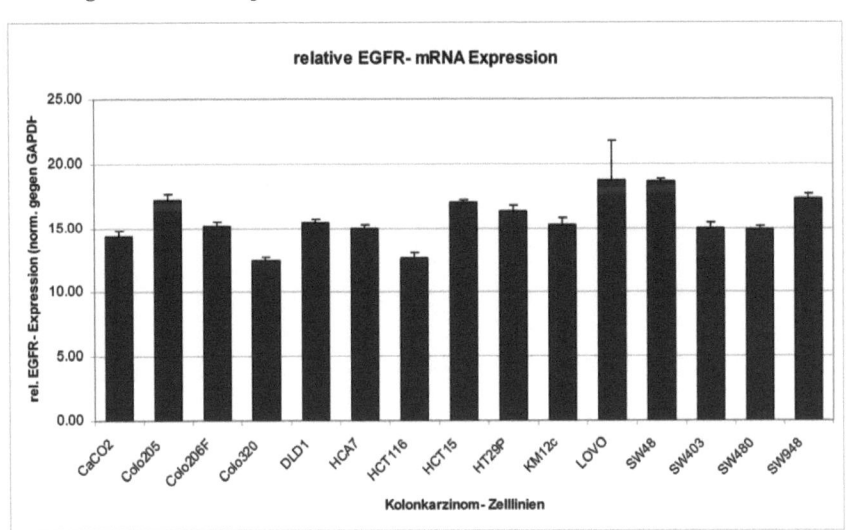

Angegeben sind Mittelwerte und Standardabweichungen von drei unabhängigen Experimenten einer quantitativen qRT-PCR. Als Referenz wurde *GAPDH* verwendet.

3.1.2.3.2 Egfr- und ErbB2- Proteinexpression mittels Immunoblot

Zusätzlich zur mRNA- Quantifizierung wurde die Expression von EGFR auch auf Proteinebene mittels Immunoblot bestimmt, wobei gleichzeitig auch die Expression von ErbB2, dem wichtigsten Heterodimerisierungspartner von Egfr, gemessen wurde. Die densitometrische Auswertung erfolgte unter Verwendung von Gapdh als Referenz. Für 14 der 15 Zelllinien konnte Egfr- Protein nachgewiesen werden, welches für HCA7 und SW403 besonders stark und für SW48 und SW480 eher schwach expremiert wird (Abbildung 13a)). Nur bei Colo320 ist kein Egfr detektierbar.

ErbB2 konnte in allen Zelllinien ohne Ausnahme nachgewiesen werden (Abbildung 13b)). Dabei wurden für DLD1, KM12c und SW403 hohe und für CaCO2 geringere Bandenintensitäten gefunden.

Mögliche Ursachen für eine fehlende Proteinexpression trotz mRNA-Expression können beispielsweise eine fehlerhafte mRNA-Reifung oder auch nonsense- Mutationen innerhalb des codierenden Bereichs sein. Um das Ergebnis, dass kein Egfr in Colo320 detektierbar ist, zu verifizieren, wurde im Nachfolgenden die komplette *EGFR-cDNA* folgender Zelllinien sequenziert: CaCO2, als *EGFR*^{wt}- Kontrolle; SW48, die in *EGFR* mutiert ist und natürlich Colo320. Im Vergleich zu den Kontroll- Zelllinien wurden keine Mutationen in der *EGFR-cDNA* von Colo320 gefunden (nicht dargestellt).

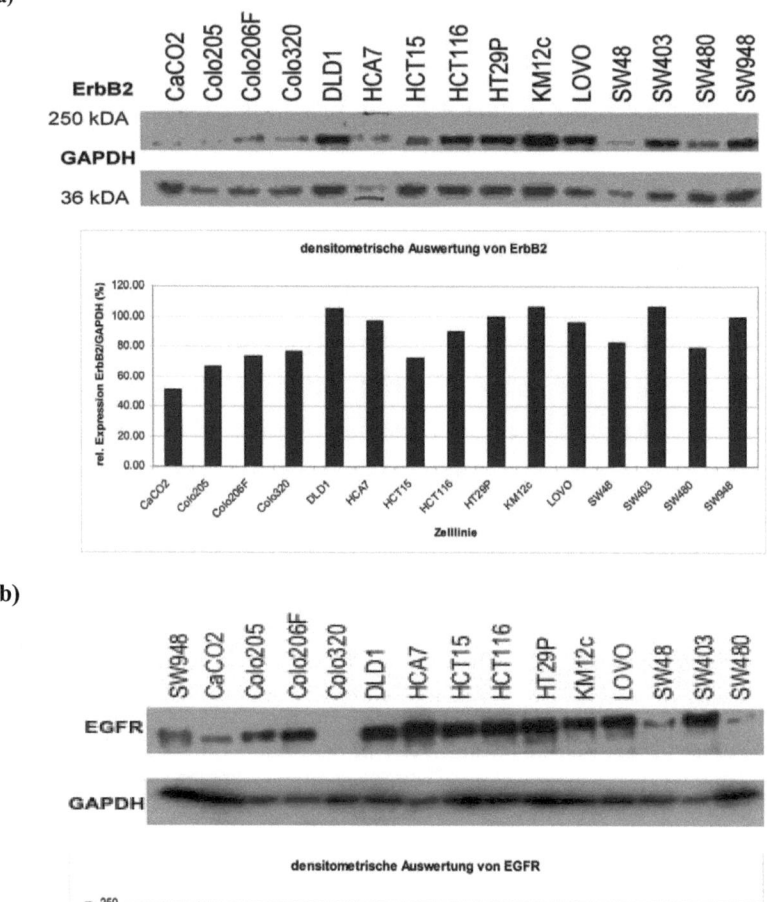

Abbildung 13: Links: Detektion der Proteinexpression für a) Egfr und b) ErbB2 im Panel der 15 Kolonkarzinom-Zelllinien. Als Qualitäts- und Ladekontrolle wurde zusätzlich die Gapdh-Expression bestimmt. Rechts: Densitometrische Auswertung der Bandenintensitäten in Relation zur Referenz.

3.1.2.3.3 Egfr- Proteinexpression mittels Immunhistologie

Zusätzlich zu den Immunoblots wurden immunhistologische Untersuchungen an Schnittpräparaten der Zelllinien durchgeführt. Zum Einen konnte so die zuvor detektierte Expression bestätigt werden, zum Anderen bekam man Aufschluss über die zellulären Lokalisationen der Proteine. Zu diesem Zweck wurden Zelllinienarrays mit spezifischen Antikörpern gegen Egfr und ErbB2 gefärbt und mit Hilfe der semiquantitativen IRS- Methode ausgewertet (Kapitel 2.2.3.6.). Abbildung 14 und 15 zeigen exemplarisch die zytoplasmatische Färbung von Egfr und ErbB2 für fünf Zelllinien mit der zugehörigen Gegenfärbung der Zellkerne mit Hämalaun- Lösung. Die Ergebnisse der Proteinfärbungen finden sich in Tabelle 11. Dort geben die Werte 1+, 2+ und 3+ die Intensitäten der Färbungen in Bezug auf die mitgeführten Kontrollen wider. Ein Strich bedeutet keine Färbung. Darunter bezeichnen Werte von 0 bis 100 den prozentualen Anteil der gefärbten Zellen innerhalb des Untersuchungsmaterials. Nicht auswertbare Proben sind ebenfalls gekennzeichnet.

Egfr konnte in 11 Zelllinien mit zytoplasmatischer Lokalisation detektiert werden. Dabei zeigten sich meist schwache bis moderate Intensitäten, die mit Prozentwerten von 30-80% eine sehr unterschiedliche Verteilung aufweisen. Drei Zelllinien weisen keine Färbungen auf (Colo320, SW480 und SW948). Für ErbB2 stehen für acht Zelllinien Daten zur Verfügung, alle mit moderaten zytoplasmatischen Färbungen und homogenen Verteilungen zwischen 65-98%.

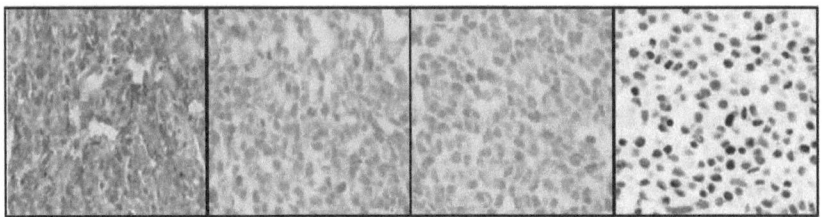

Abbildung 14: immunhistologische Färbung von Egfr an den Zelllinien DLD1, LOVO, KM12c und Colo320 (von links nach rechts). DLD, LOVO und KM12c zeigen eine zytoplasmatische Lokalisation unterschiedlicher Intensitäten. In Colo320 konnte EGFR nicht nachgewiesen werden. (Abbildung 400-fach vergrößert).

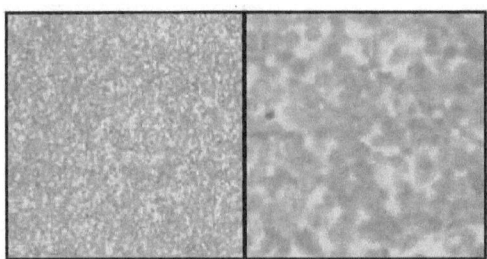

Abbildung 15: immunhistologische Färbung von ErbB2 an der Zelllinie SW48. Es zeigt sich eine zytoplasmatische Lokalisation moderater Intensität, die für alle Zelllinien nachweisbar war. (Abbildung links: 100 fach, rechts: 400fach vergrößert).

Tabelle 11: semiquantitative Auswertung der immunhistochemischen Untersuchung.

		CaCo2	Colo 205	Colo 205 F	Colo 320	DLD-1	HCA-7	HCT 116	HCT 15	HT 29 P	KM12c	LOVO	SW48	SW403	SW480	SW948
Egfr	Intensität	1+	1+	1+	-	2+	2+	2+	n.A.	2+	2+	1+	2+	-	2+	-
	Prozent	40	50	30	0	80	60	70	n.A.	80	50	60	95	0	70	0
ErbB2	Intensität	2+	n.A.	n.A.	n.A.	n.A.	n.A.	2+	1+	2+	1+	1+	2+	n.A.	1+	n.A.
	Prozent	65	n.A.	n.A.	n.A.	n.A.	n.A.	90	90	98	70	70	70	n.A.	95	n.A.

-, 1+, 2+ und 3+ bezeichnen steigende Färbungsintensitäten, die Werte 0-100 geben die prozentuale Verteilung wider. n.A.= nicht auswertbar, *= nukleäre Lokalisation, **= zytoplasmatische Lokalisation, ***= zytoplasmatisch granulär, ****= Färbung in Kern und Zytoplasma.

3.1.2.4 Ermittlung der autokrinen Stimulation

Nach Bestimmung des Mutationsstatus, der genetischen Aberrationen und der Expression von *EGFR* und *ERBB2* im Kollektiv der 15 Kolonkarzinom-Zelllinien wurde bisher Folgendes gefunden: Mutationen in *EGFR* wurden nur in einer Zelllinie (SW48) detektiert. Amplifikationen sind nicht vorhanden; stattdessen weisen einige Zelllinien ein triploides (Colo205, Colo206F und HT29P) bzw. ein tetraploides Signal von Chromosom 7 (CaCO2) auf. Alle

Zelllinien zeigen EGFR- mRNA-Expressionen, die sich jedoch nicht signifikant von der mRNA- Expression anderer Gewebetypen unterscheiden. Die Proteinexpressionen von Egfr und ErbB2 sind in fast allen Zelllinien erkennbar, wobei für Colo320 kein Egfr detektierbar ist.

Um *EGFR* abschließend für das Zelllinienkollektiv zu charakterisieren, wird nachfolgend auf die Expression spezifischer Liganden und somit auf eine eventuell vorhandene, autokrine Stimulation eingegangen.

Zunächst wurden 7 Zelllinien ausgewählt und deren mRNA- Expressionen der Egfr- Liganden Amphiregulin, β-cellulin, Epiregulin, EGF, heparin-binding EGF und TGFα bestimmt. In jeder Zelllinie konnte mRNA eines jeden Liganden nachgewiesen werden, wobei sich teilweise unterschiedliche Expressionsmuster zeigten (Abbildung 16). Die niedrigsten Expressionen wurden hierbei mit einem mittleren Wert von 10.85 für EGF und 11.11 für TGFα gefunden. Die Expression von Amphiregulin ist in Bezug auf diese Werte um den Faktor 3000 höher. Die Liganden β-cellulin, Epiregulin und heparin-binding EGF zeigen in den Kolonkarzinom- Zelllinien moderate Expressionen die gegenüber der EGF- Expression im Mittel 17-fach höher sind.

Nachdem gezeigt werden konnte, dass in jeder Zelllinie eine Transkription der wichtigen Egfr- Liganden stattfindet, sollte nun der Einfluss dieser Liganden auf die Egfr- Proteinexpression ermittelt werden. Hierzu wurden Zellen über einen Zeitraum von 10 min bzw. 24 h mit 10 nM EGF behandelt und die Ergebnisse mit Gapdh als Referenz in Abbildung 17 dargestellt. Außer bei Colo320 (siehe Kapitel 3.1.2.3.2.) konnte in jeder Zelllinie eine Expression für Egfr nachgewiesen werden. Diese Expression ist - außer für Colo205 - gegenüber der Referenz sehr hoch, insgesamt aber sowohl für hEgf- behandelte, als auch -unbehandelte Proben sehr homogen.

Betrachtet man die phosphorylierte Form des Egfr zeigen fünf der sieben Zelllinien nach 10 min Behandlung zur Kontrolle sehr hohe Bandenintensitäten.

Im Fall von HCT116 wurde in der Probe mit 24 h Behandlung das höchste pEgfr- Level detektiert. Für Colo320 konnte pEgfr nicht nachgewiesen werden. Diese Ergebnisse zeigen, dass im Hinblick auf die nachfolgenden Behandlungsexperimente mit sowohl monoklonalen Antikörpern, als auch mit Zytostatika auf möglichst viele Faktoren eingegangen werden muss, um eine verlässliche Aussage zu einem Therapieerfolg machen zu können.

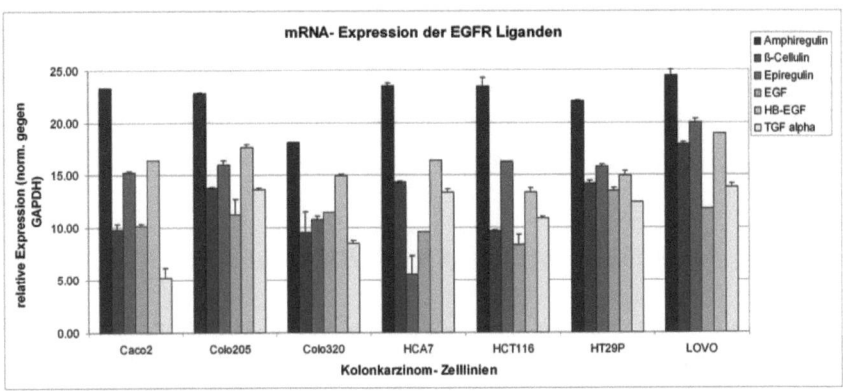

Abbildung 16: In 7 Zelllinien wurde die relative mRNA- Expression von sechs Egfr- Liganden gemessen. Alle Werte wurden gegen GAPDH normiert. Angegeben sind jeweils der Mittelwert und die Standardabweichungen von drei unabhängigen Experimenten. Zur Überprüfung der Spezifikation der einzelnen Amplifikate wurde zusätzlich eine Schmelzkurven- Analyse durchgeführt.

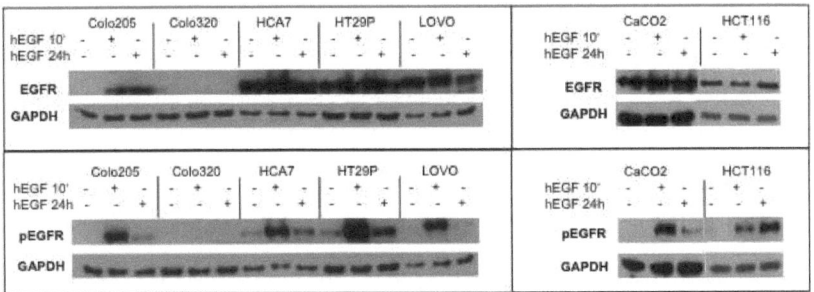

Abbildung 17: Detektion der Proteinexpression für Egfr (oben), und pEgfr (unten) nach Zugabe von 10 nM Egf für 10 min bzw. 24 Stunden in 7 Kolonkarzinom-Zelllinien. Als Qualitäts- und Ladekontrolle wurde zusätzlich die Gapdh-Expression bestimmt.

3.1.3 Deregulation der Downstream – Gene

In der Tumorgenese des kolorektalen Karzinoms spielen neben EGFR und ERBB2 auch die downstream- Mediatoren KRAS, BRAF, PIK3CA und PTEN eine wichtige Rolle bei der Weiterleitung wachstums- und proliferationsstimulierender Signale (Kapitel 1.2.3. und 1.2.4.). Mutationen in den Genen *KRAS*, *BRAF* und/oder *PIK3CA* führen beispielsweise zu Deregulationen in der Signaltransduktion, die nicht nur das Wachstum und die Proliferation, sondern auch die Wirkung einer Antikörpertherapie beeinflussen könnten. Daher wurde nachfolgend der Status dieser Gene im Kollektiv der 15 Zelllinien bestimmt.

3.1.3.1 Mutationsstatus von KRAS, BRAF und PIK3CA

Mutationen in einem dieser Gene treten beim kolorektalen Karzinom in *KRAS* meist in den Exonen 2-4, in *BRAF* in Exon 15, sowie in *PIK3CA* in den Exonen 9 und 20 auf und sind dann häufig mit einer schlechteren Überlebenswahrscheinlichkeit assoziiert. Im Fall von *KRAS* beispielsweise führt eine Punktmutation in Codon 12 oder 13 zu einer konstitutiven Inaktivierung der katalytischen Funktion, die wiederum in einer dauerhaften Signalweiterleitung resultiert. Mutationen in mehreren dieser Gene gelten als zusätzliche negative Prognosemarker.
Exemplarisch zeigt Abbildung 18 die Sequenzierergebnisse der Zelllinien HCT116 und SW48. Die Untersuchungen aller 15 Zelllinien auf Mutationen in *KRAS*, *BRAF* und *PIK3CA* sind in Tabelle 12 dargestellt. Sieben Zelllinien tragen *KRAS*- Mutationen, vier in Codon 13, zwei in Codon 12 und eine in Codon 61. Für *BRAF* konnte in drei Zelllinien eine Substitution in Codon 600 nachgewiesen werden, wobei auffiel, dass Mutationen in *KRAS* und *BRAF* niemals gemeinsam auftraten. Vier Zelllinien zeigten Mutationen für *PIK3CA*.

Somit ergeben sich Mutationsraten von 46% für *KRAS*, 20% für *BRAF* und 26% für *PIK3CA* für das ausgewählte Zelllinien- Kollektiv.

	CaCo2	Colo 205	Colo 206 F	Colo 320	DLD-1	HCA-7	HCT 116	HCT 15	HT 29 P	KM12c	LOVO	SW48	SW403	SW480	SW948
KRAS	WT	WT	WT	WT	Gly13 Asp	WT	Gly13 Asp	Gly13 Asp	WT	WT	Gly13 Asp	WT	Gly12 Val	Gly12 Val	Glu61 Leu
BRAF	WT	Val600 Glu	Val600 Glu	WT	WT	WT	WT	WT	Val600 Glu	WT	WT	WT	WT	WT	WT
PIK3CA	WT	WT	WT	WT	Glu545 Lys Asp549 Asn	WT	His1047 Arg	WT	Pro449 Thr	WT	WT	WT	WT	WT	Glu542 Lys

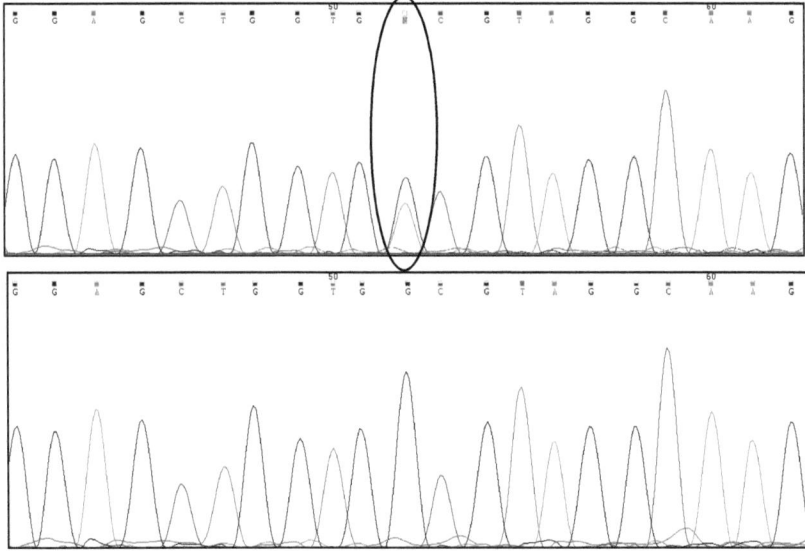

Abbildung 18: Sequenzen zu *KRAS* Exon 2 der Kolonkarzinom- Zelllinien HCT116 (links) und SW48 (rechts). Für HCT116 ist ein hemizygoter Basenaustausch deutlich erkennbar (Markierung). SW48 besitzt Wildtyp- Status.

Tabelle 12: Mutationsanalyse für *KRAS*, *BRAF* und *PIK3CA* in 15 Kolonkarzinom- Zelllinien.

WT = Wildtyp- Status

3.1.3.2 Expressionsstatus von Pten

Pten ist ein wichtiger Regulator bei der Signalweiterleitung über den MAPK- bzw. PI3K/AKT- Weg, der als Antagonist zu PIK3CA die Initiation der Signaltransduktion beeinflusst. Veränderungen in diesem Enzym sind im kolorektalen Karzinom häufig und werden dann mit Tumorprogression assoziiert. Welche Rolle die Expression von Pten auf das Ansprechen der anti- EGFR- Antikörpertherapie besitzt, ist unklar.

3.1.3.2.1 Proteinexpression mittels Immunoblot

Die Proteinexpression von Pten ist gegen die Referenz Gapdh in Abbildung 19 dargestellt. Eine Expression des Tumorsuppressorgens Pten ist in fast allen kolorektalen Zelllinien detektierbar. Dabei zeigen geringe Schwankungen eine relativ homogene Expression. Für KM12c, als einzige Ausnahme, wurde keine Pten- Expression gefunden.

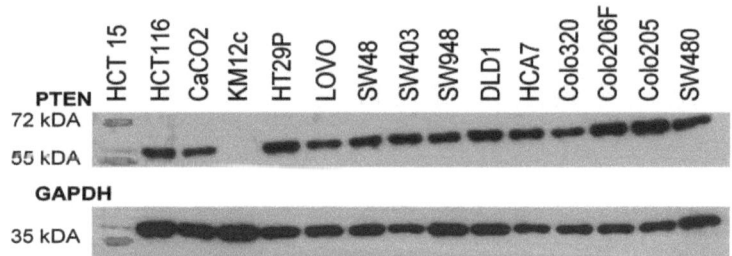

Ergebnisse

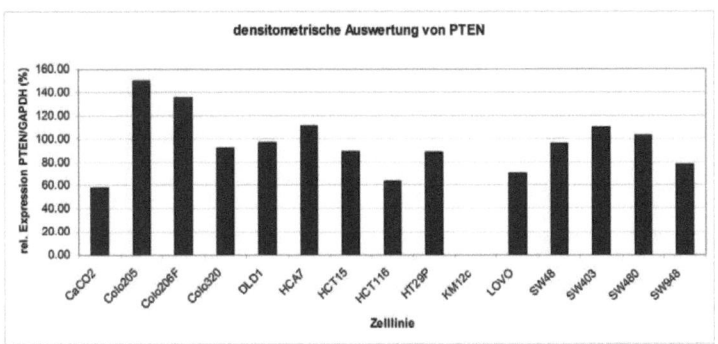

Abbildung 19: Links: Detektion der Proteinexpression für Pten im Kollektiv der 15 Kolonkarzinom-Zelllinien. Als Qualitäts- und Ladekontrolle wurde zusätzlich die Gapdh-Expression bestimmt. Rechts: Densitometrische Auswertung der Bandenintensitäten in Relation zur Referenz.

3.1.3.2.2 Proteinexpression mittels Immunhistologie

Zusätzlich zur Detektion der Proteinexpression mittels Immunoblot konnte durch eine immunhistochemische Analyse die Lokalisation von Pten in der Zelle bestimmt werden (Tabelle 13).

Pten konnte in 13 Zelllinien nachgewiesen werden (HCT116 nicht auswertbar). Dabei zeigten sich überwiegend homogene Verteilungen, die sich jedoch sowohl in ihrer Farbintensität, als auch in ihrer Lokalisation deutlich unterscheiden. In fünf Zelllinien ist Pten ausschließlich nukleär detektierbar, sechs Linien weisen nukleäre und zytoplasmatische Färbungen auf, in einer Zelllinie konnte Pten nur zytoplasmatisch nachgewiesen werden. In KM12c war Pten nicht nachweisbar (Abbildung 20).

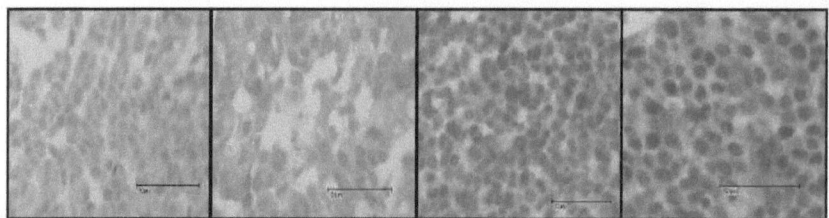

Abbildung 20: immunhistologische Färbung von Pten an den Zelllinien KM12c, SW948, HT29P und SW48 (von links nach rechts). In KM12c war Pten nicht nachweisbar. SW948 zeigt eine zytoplasmatische Lokalisation. HT29P weist Färbungen des Zytoplasmas und des Nukleus auf. Für SW48 wurde eine nukleäre Lokalisation detektiert (Abbildung 400-fach vergrößert).

Tabelle 13: semiquantitative Auswertung der immunhistochemischen Untersuchung.

		CaCo2	Colo 205	Colo 206 F	Colo 320	DLD-1	HCA-7	HCT 116	HCT 15	HT 29 P	KM12c	LOVO	SW48	SW403	SW480	SW948
Pten	Intensität	2+	3+	3+	1+	2+	2+	n.A.	2+	2+	-	1+	2+	2+	2+	1+
	Prozent	98****	98*	100*	80*	95****	98****	n.A.	98****	100****	0	90****	95*	100*	60	100**

-, 1+, 2+ und 3+ bezeichnen steigende Färbungsintensitäten, die Werte 0-100 geben die prozentuale Verteilung wider. n.A.= nicht auswertbar, *= nukleäre Lokalisation, **= zytoplasmatische Lokalisation, ***= zytoplasmatisch granulär, ****= Färbung in Kern und Zytoplasma.

3.1.3.3 Korrelation von Mutations- und Expressionsstatus

Zusammenfassend wurden in Bezug auf den *KRAS*-, *BRAF*- und *PIK3CA*-Mutationsstatus in sieben Zelllinien *KRAS*-, in drei Zelllinien *BRAF*- und in vier Zelllinien *PIK3CA*- Mutationen gefunden. Expressionen von Pten sind nur für KM12c nicht detektierbar.

Werden diese Informationen in Relation zu den Status von EGFR und ErbB2 betrachtet, konnten für einige Konstellationen statistische Signifikanzen ermittelt werden. Dazu wurden die Zelllinien nach ihren Mutationen gruppiert und auf die relativen Expressionen des jeweiligen Proteins bezogen (Tabelle 14). So zeigten beispielsweise Zelllinien mit *BRAF*- Mutationen gegenüber denen mit Wildtyp- Status eine signifikant veränderte Proteinexpression für

Pten (p= 0.01). Signifikante Zusammenhänge finden sich auch für *PIK3CA*-Mutation und der Expression von ErbB2 (p= 0.05).

Bei Korrelation der transkriptionellen und translationalen EGFR- Expressionen untereinander wurde ein p- Wert von 0.67 ermittelt, indem für das Zelllinienkollektiv zwischen niedrigen bzw. hohen Expressionen separiert wurde (Chi^2-Test gemessen an der mittleren Expression). In Bezug auf den Arg521Lys- Polymorphismus in EGFR wurde ein p-Wert von 0.21 für die Zelllinien mit *EGFR*- Wildtypstatus zu den Zelllinien mit diesem Polymorphismus ermittelt.

Somit besteht kein statistisch signifikanter Zusammenhang zwischen dem Mutationsstatus und der mRNA- bzw. Proteinexpression, als auch unter den Expressionen selbst.

Tabelle 14: Statistische Auswertung zur Korrelation von Expressions- und Mutationsstatus.

t-Test	p-Wert		
	EGFR	ErbB2	PTEN
KRAS	0,36	0,11	0,46
BRAF	0,29	0,23	0,01
KRAS/BRAF	0,19	0,26	0,06
TP53	0,23	0,21	0,18
PIK3CA	0,32	0,05	0,38

Mit Hilfe des Student's t-Test wurden alle Zelllinien nach den ermittelten Mutationen für *KRAS*, *BRAF* und *PIK3CA* gruppiert, und anschließend mit den relativen Proteinexpressionen auf Signifikanz hin geprüft. Ein p-Wert ≤ 0.05 gilt als signifikante Abweichung.

3.2 Funktionelle Untersuchungen zur Wirkung von anti-EGFR-Antikörpern

Nach Bestimmung der konstitutionellen Aberrationen im EGFR- Signalweg im Kollektiv der Kolonkarzinom- Zelllinien kann nun mit den funktionellen Analysen zu einer gezielten Antikörpertherapie begonnen werden. Zu diesem Zweck sollen die Auswirkungen einer Behandlung mit den monoklonalen anti-

EGFR-Antikörpern Panitumumab (Pmab) und Cetuximab (Cmab) allein, oder in Kombination mit dem Zytostatikum Irinotecan auf die 15 Zelllinien bestimmt werden. Ziel der Arbeit ist, durch die Erkenntnisse dieser in-vitro Studie, eine optimierte Behandlung der in der Klinik bereits angewendeten Antikörpertherapie zu ermöglichen.

3.2.1 Effektivität einer anti-EGFR-Antikörperbehandlung bei Zelllinien des Kolonkarzinoms

3.2.1.1 Wirkungsspektrum der anti-EGFR-Antikörper

3.2.1.1.1 Dosis - Wirkungs - Beziehung

In der Klinik wird Pmab zu 6 mg pro kg Körpergewicht dosiert, was etwa einer minimalen Pmab- Plasmakonzentration von 50 µg/ml entspricht. In Studien an Kolonkarzinom- Zelllinien wurden bereits bei Konzentration von 10 µg/ml wachstumsinhibierende Effekte der Behandlung detektiert.

Um zunächst für die zwei anti-EGFR-Antikörper Pmab und Cmab in vitro eine Dosis- Wirkungs- Beziehung zu ermitteln, wurden mit Hilfe des Zellproliferationsassays die Wachstumsinhibierungen nach Zugabe unterschiedlicher Antikörperkonzentrationen bestimmt. Abhängig vom Mutationsstatus wurden zwei $KRAS/BRAF^{wt}$- Zelllinien, eine $KRAS^{mut}$- Zelllinie und eine $BRAF^{mut}$- Zelllinie gewählt und mit Pmab- bzw. Cmab-Konzentrationen im Bereich von 0.01 µg/ml bis 100 µg/ml inkubiert. Die Auswirkungen dieser Behandlung auf die Zellvitalität sind in Abbildung 21 dargestellt.

Es zeigte sich, dass eine Behandlung mit Pmab bzw. Cmab in jeder Zelllinie zu einer geringeren Zellvitalität führt. Diese liegt für HCA7 bereits bei der geringsten Konzentrationen (0.01 µg/ml) bei 20%. Mit steigender Konzentration nimmt dieser Effekt dann für Pmab mehr und für Cmab weniger stark zu, so dass bei 100 µg/ml Wachstumsinhibierungen von 63% (Pmab) und 48% (Cmab) gemessen werden. In den anderen Zelllinien sind die Effekte mit einer maximalen Wachstumsinhibierung von 16% geringer.

Für weiterführende Experimente wurden, wenn nicht anders angegeben, anti-EGFR-Antikörper- Konzentrationen von 10 µg/ml verwendet, da diese die niedrigsten Dosen mit den größten Effekten darstellen.

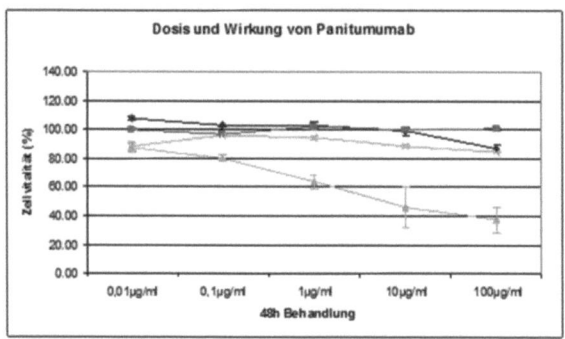

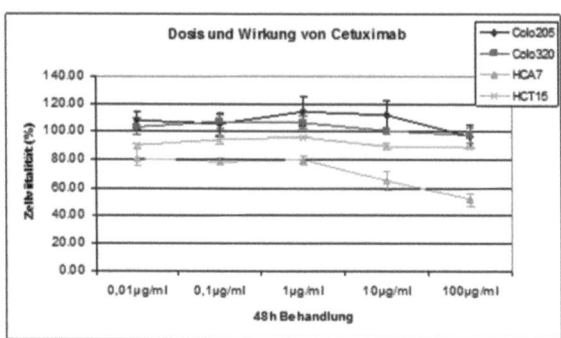

Abbildung 21: Auswirkung der anti-EGFR-Antikörper- Behandlung auf die Zellvitalität von vier Kolonkarzinom- Zelllinien. Es wurde mit verschiedenen Konzentrationen für 48 h behandelt, und die Wirkung mit Hilfe des Farbstoffs MTT photometrisch gemessen.

3.2.1.1.2 Bedeutung von KRAS und BRAF für die anti- EGFR- Antikörpertherapie

Um den Zusammenhang zwischen einem Therapieansprechen und der Rolle von KRAS und BRAF für die Signalweiterleitung zu untersuchen, wurde nachfolgend für alle 15 Zelllinien ein Proliferationsassay mit der anti-EGFR-Antikörpern durchgeführt.

Die Ergebnisse sind sortiert nach dem *KRAS*- und *BRAF*- Mutationsstatus in Abbildung 22 dargestellt. Für jedes Experiment (2 x Pmab und 2 x Cmab), für das mit Hilfe eines Student's t-Test gegenüber der Kontrolle eine signifikante Wachstumsinhibierung ermittelt werden konnte, wurde zur Veranschaulichung ein Stern gesetzt.

Für Zelllinien mit Mutationen in *BRAF* wurden grundsätzlich keine signifikanten Proliferationsänderungen gefunden.

Bei den Zelllinien mit $KRAS/BRAF^{wt}$- Status zeigen nur drei der fünf Zelllinien signifikante Wachstumsinhibierungen von bis zu 65% (CaCO2). Betrachtet man in diesen Zelllinien neben der Inhibierung zusätzlich ihren Expressionstatus, zeigen genau die Linien die entweder für Egfr (Colo320) oder für Pten (KM12c) keine Expression aufwiesen, als einzige keine signifikanten Wachstumsänderungen.

In der Gruppe der $KRAS^{mut}$- Zelllinien zeigen nur drei der sieben Zelllinien, dass sie nicht auf eine Antikörperbehandlung ansprechen. Vier der sieben Zelllinien wiesen hingegen signifikante Wachstumsinhibierungen von bis zu 24% auf. Betrachtet man zusätzlich die subtypischen Veränderungen von *KRAS* zeigen nur die $KRAS^{mut}$- Zelllinien signifikante Inhibierungen, bei denen die Codon 13-Substitution von Glycin zu Asparaginsäure gefunden wurde. Für die Zelllinien mit Mutationen des Codon 12 bzw. 61 ist keine signifikante Wachstumsinhibierung erkennbar.

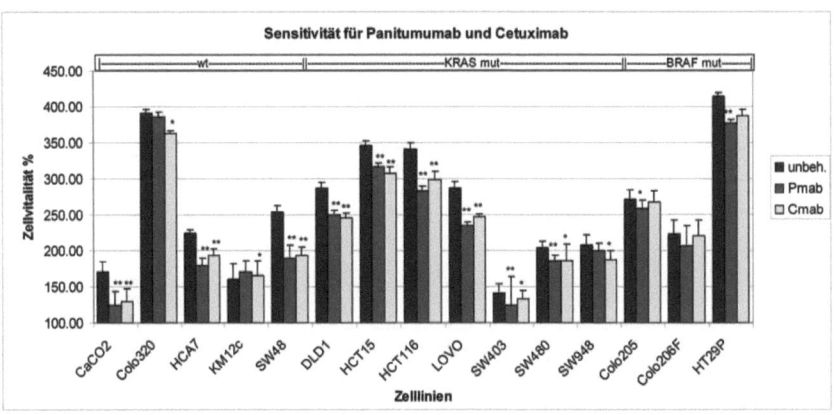

Abbildung 22: Sensitivität der 15 Kolonkarzinom- Zelllinien auf die Behandlung mit einem der anti-EGFR-Antikörper für 48 Stunden und bei einer Konzentration von 10 µg/ml. Die Zellvitalitäten wurden in fünffacher Messung photometrisch bestimmt und mit einer Kontrolle zum Zeitpunkt 0 normiert. *= Signifikante Wachstumsinhibierung einer Versuchsreihe, **= Signifikante Wachstumsinhibierung aller Versuchsreihen.

3.2.1.1.3 Bedeutung des Mutationsstatus auf die Wachstumsinhibierung

Um im Nachfolgenden die Effekte einer Antikörper- Therapie in Bezug auf die individuellen Eigenschaften einer jeden Zelllinie zu bestimmen, wurden die Zelllinien, die in den vier unabhängigen Experimenten (2 x Pmab, 2 x Cmab) signifikante Wachstumsinhibierungen zeigten, als sensitiv definiert. Alle anderen Zelllinien werden als resistent klassifiziert.

Tabelle 15 zeigt zunächst keine signifikanten Korrelationen im Vergleich zwischen dem Mutationsstatus der Gene *EGFR, KRAS, BRAF* und *PIK3CA* und der Sensitivität der Zelllinien auf die Behandlung mit einem EGFR- Antikörper. In Bezug auf *BRAF* zeigt sich mit einem p- Wert von 0.07 jedoch ein Tendenz (Chi^2- Test). Die Korrelation des *EGFR* Exon 13- Polymorphismus (R521K) mit dem Ansprechen auf eine anti-EGFR- Antikörperbehandlung zeigte ebenfalls keine signifikanten Wachstumsänderungen (Chi^2- Test; p=0.19).

Tabelle 15: Korrelation von Sensitivität der 15 Kolonkarzinom- Zelllinien gegenüber der anti-EGFR- Antikörperbehandlung und dem Mutationsstatus (Chi^2-Test).

Zielgen	Status	sensitiv	resistent	Chi^2-Test p- Wert
KRAS	wt	3	5	0.45
	mut	4	3	
BRAF	wt	7	5	0.07
	mut	0	3	
KRAS/BRAF	wt	3	2	0.46
	mut	4	6	
PIK3CA	wt	5	6	0.88
	mut	2	2	
EGFR Ex13	Lys > Lys	2	5	0.19
	Lys > Arg	5	3	

Zelllinien mit signifikanten Wachstumsinhibierungen wurden als sensitiv, alle anderen als resistent klassifiziert. Ex = Exon, wt = Wildtypstatus für das jeweilige Gen, mut = mutiert, Lys = Lysin, Arg = Arginin.

3.2.1.1.4 Spezifität der anti-EGFR-Antikörper

Zusätzlich zum Wirkmechanismus der anti-EGFR-Antikörper wurde mit Hilfe der Immunfluoreszenz- Färbung untersucht, ob Pmab und Egfr spezifisch interagieren. Um dies und den darauffolgenden Internalisierungsmechanismus zu bestätigen, wurden acht Kolonkarzinom- Zelllinien mit Pmab zu fünf verschiedenen Zeitpunkten behandelt.

Abbildung 23a zeigt CaCO2, die stellvertretend für alle acht Zelllinien (außer Colo320) die gefundenen Resultate widerspiegelt. Im Gegensatz zu der unbehandelten Kontrolle sind in den Behandlungen große Mengen an Pmab detektierbar, die deutlich mit der Lokalisation von Egfr übereinstimmen. Bereits nach 5 min Pmab- Behandlung ist eine Internalisierung des EGF-Rezeptors erkennbar, bei gleichzeitiger Kolokalisation mit Pmab. Betrachtet man die verschiedenen Zeitpunkte genauer, zeigt sich bei einigen Zellen eine durch die Behandlung hervorgerufene Änderung der Morphologie. Sind die Zellmembranen nach 5-minütiger Behandlung noch sehr distinkt, zeigen sich in den späteren Zeitpunkten auch diffuse Zytoplasmen. Für die Zelllinie Colo320 konnte das Fehlen des Egfr-Proteins wiederum bestätigt werden. Zu keinem Behandlungszeitpunkt ist Egfr bzw. an Egfr gebundenes Pmab detektierbar (Abbildung 23b).

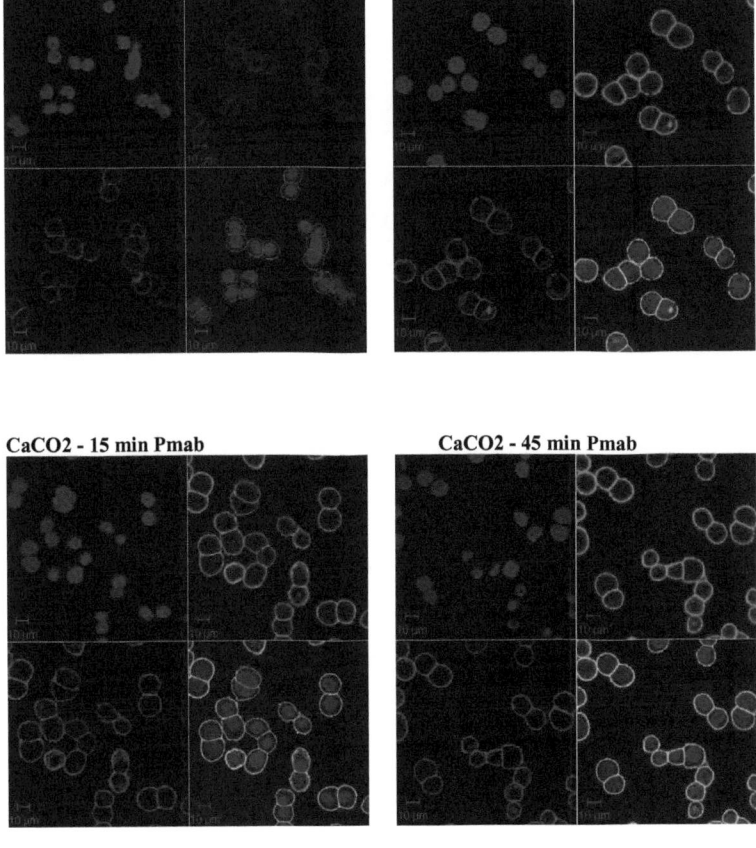

CaCO2 - 2 h Pmab   CaCO2 - 6 h Pmab

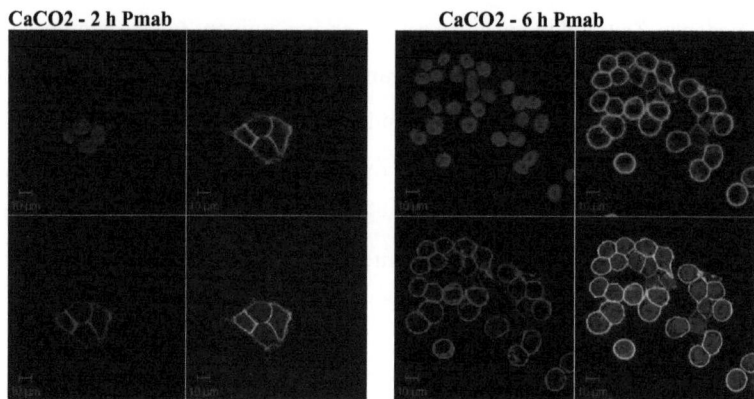

Abbildung 23a: Fluoreszenzmikroskopische Aufnahme der Zelllinie CaCO2. Pmab wurde mittels anti-human-FITC- Antikörper grün gefärbt, EGFR erscheint rot, die Zellkerne sind in blau dargestellt.

Colo320 - unbehandelt   Colo320 - 5 min Pmab

Colo320 - 15 min Pmab   Colo320 - 45 min Pmab

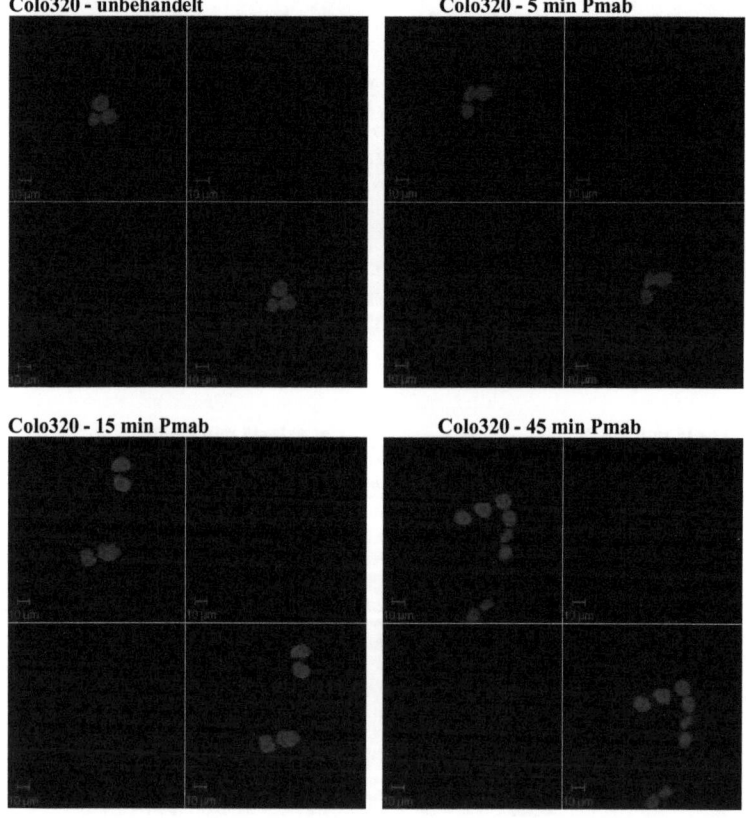

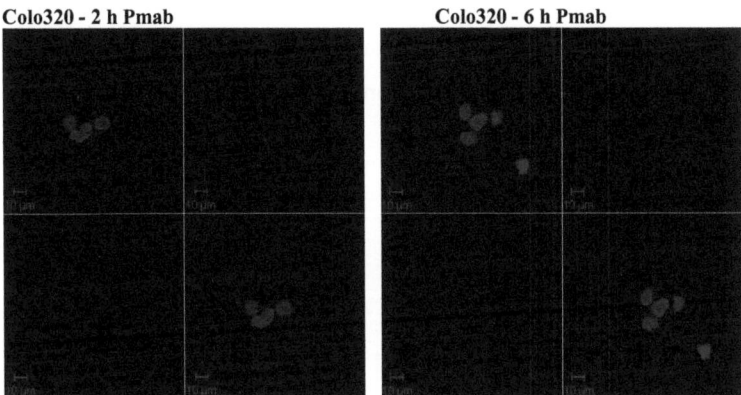

Abbildung 23b: konfokale Laserscan- Aufnahme der Egfr negativen Zelllinie Colo320. Die Zellkerne sind blau dargestellt. Außer einer leichten Hintergrundstrahlung sind keine Signale für Egfr und Pmab detektierbar.

3.2.1.2 Modulation der Wirksamkeit der anti-EGFR-Behandlung durch EGF

Mit Hilfe der Co-Lokalisationsstudien (Kapitel 3.2.1.1.4) konnte gezeigt werden, dass Pmab in EGFR- expremierenden Zelllinien an diesen Rezeptor bindet, der dadurch in das Zelllumen internalisiert wird. Nun soll geklärt werden, ob die Wirksamkeit von Pmab abhängig vom Liganden EGF ist. Hierzu wurden sieben Zelllinien mit unterschiedlichem Mutationsstatus zunächst mit 10 nM EGF vorstimuliert. Anschließend erfolgte eine Behandlung mit Pmab bzw. Cmab (Abbildung 24).

Dabei konnte gezeigt werden, dass in den meisten der hier untersuchten Zelllinien eine Stimulation mit EGF nicht mit gesteigerter Proliferation einhergeht. Lediglich für HCA7, eine *KRAS/BRAF*^{wt}- Zelllinie, wurde eine Wachstumssteigerung von 42% gefunden. Für die Monobehandlung mit den anti-EGFR- Antikörpern zeigten sich tendenziell gleiche Zellvitalitäten wie in Kapitel 3.2.1.1.2. So wurden im Fall einer Wachstumsänderung insgesamt inhibierende Effekte gefunden, die für die Zelllinien CaCO2 und HCA7 am deutlichsten erkennbar sind. In der Kombinationsbehandlung mit anti-EGFR-Antikörper und EGF sind keine signifikant veränderten Wachstumsverhalten zu erkennen.

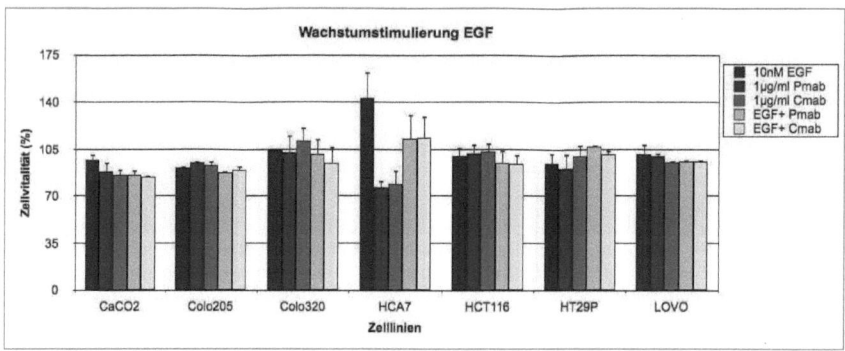

Abbildung 24: Wachstumsverhalten von 7 Kolonkarzinom- Zelllinien nach Stimulation mit EGF allein bzw. in Kombination mit den monoklonalen Antikörpern Pmab und Cmab. Es wurden folgende Konzentrationen eingesetzt: 10 nM EGF, 1 µg/ml Pmab oder 1 µg/ml Cmab. Alle Werte sind mit einer unbehandelten Kontrolle ins Verhältnis gesetzt.

3.2.2 Modulation der anti-EGFR-Behandlung durch Zytostatika

3.2.2.1 Wirkungsspektrum des Zytostatikums Irinotecan

In der Klinik sprechen nur ca. 10-20% der Patienten mit metastasierenden, kolorektalen Karzinomen (mCRC) auf eine Monotherapie mit Pmab bzw. Cmab an, so dass diese Therapie häufig in Kombination mit vorangegangener bzw. gleichzeitiger Chemotherapie kombiniert wird (Bardelli und Siena, 2010). Eines dieser Chemotherapeutika ist Irinotecan, dass als Bestandteil des FOLFIRI-Regimes in Kombination mit Pmab bei mCRC- Patienten mit $KRAS^{wt}$ zu einer signifikanten Verbesserung des progressionsfreien Überlebens führt (Peeters, 2010). Dabei ist der genaue Wirkmechanismus von Irinotecan in Kombination mit Pmab bzw. Cmab weitestgehend unbekannt.

3.2.2.1.1 Dosis - Wirkungs - Beziehung

Zur Bestimmung des Wirkspektrums von Irinotecan für die Behandlung von Kolonzelllinien wurden zunächst Konzentrationen von 0.1 µM bis 100 µM hergestellt und für 48 Stunden an drei $KRAS/BRAF^{wt}$- Zelllinien; an drei Zelllinien mit $KRAS^{mut}$ und an zwei Zelllinien mit $BRAF^{mut}$ getestet. Für alle untersuchten Zelllinien kann bei den niedrigsten Irinotecan- Konzentrationen (0.1 µM-1 µM) keine deutliche Abnahme der Vitalität detektiert werden (Abbildung 25). Ab einer Konzentration von 3µM zeigen vier Zelllinien eine um 9-18% verminderte Vitalität, bei zwei Linien sind kaum Veränderungen erkennbar. Zwei Zelllinien reagieren sogar zunächst mit einer um 4% erhöhten Zellvitalität. Ab einer Dosis von 10 µM Irinotecan kann für fast alle Zelllinien eine Reduktion in der Vitalität nachgewiesen werden (8-27%). Nur für KM12c werden keine zytotoxischen Effekte gefunden. Wird die Konzentration weiterhin gesteigert, erreichen alle Zelllinien zwischen 30 µM und 100 µM mit einer Zellvitalität von unter 50% ihre letalen Konzentrationen. Aus diesen Gründen wurden nachfolgend Irinotecan- Konzentrationen von 5 µM verwendet. Eine Korrelation zwischen dem $KRAS/BRAF$-Mutationsstatus und einem zytotoxischem Verhalten ist nicht erkennbar.

Ergebnisse

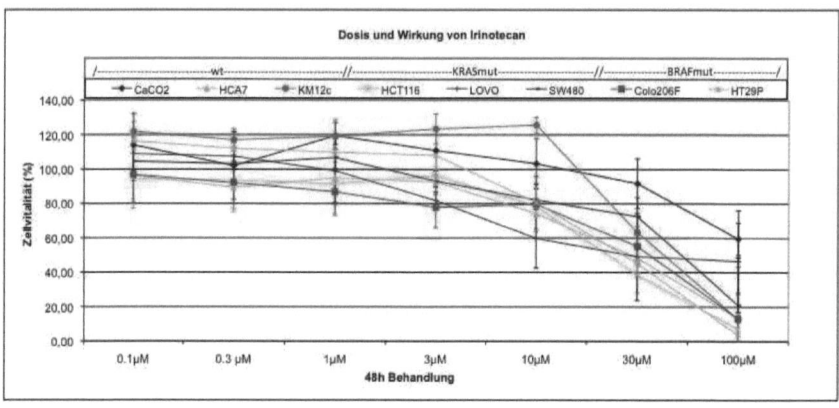

Abbildung 25: Behandlung von acht Kolonkarzinom- Zelllinien mit Irinotecan. Es wurde für 48 h mit verschiedenen Konzentrationen behandelt und die Zellvitalität mit Hilfe des Farbstoffs MTT photometrisch gemessen.

3.2.2.1.2 Bestimmung der Zytotoxizität

Um die Sensitivität aller 15 Zelllinien für Irinotecan zu erfassen, wurde anschließend in zwei unabhängigen Experimenten über 48 Stunden mit Irinotecan behandelt und die Ergebnisse mit einer mitgeführten, unbehandelten Kontrolle ins Verhältnis gesetzt (Abbildung 26).

Insgesamt konnten für nahezu jede Zelllinie signifikante, zytotoxische Effekte gegenüber der Kontrolle in mindestens einer Versuchsreihe ermittelt werden. KM12c bildet hierbei die Ausnahme, da sie als einzige Zelllinie mit einer gesteigerten Proliferation auf eine Irinotecanbehandlung reagiert. Besonders hoch ist die Zytotoxizität für die Zelllinie SW48, bei HCA7 finden sich keine wesentlichen Wachstumsänderungen.

Ergebnisse

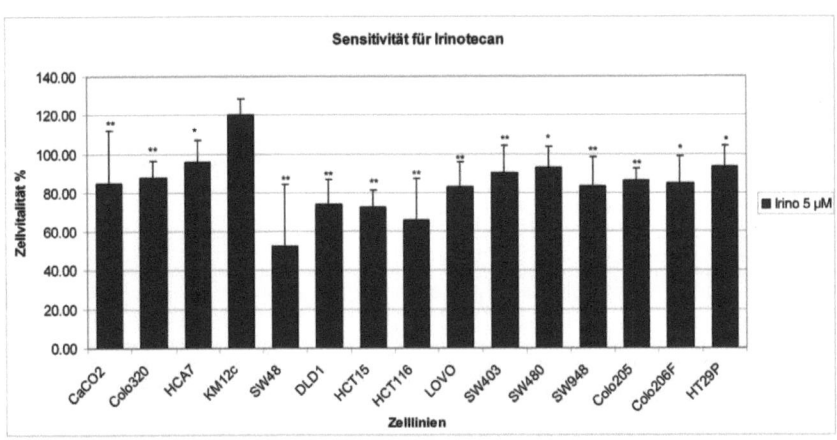

Abbildung 26: Sensitivität der 15 Kolonkarzinom- Zelllinien auf die Behandlung mit Irinotecan für 48 Stunden und bei einer Konzentration von 5 µM. Die Zellvitalitäten wurden in fünffacher Messung photometrisch bestimmt und mit einer Kontrolle normiert. *= Signifikante Zytotoxizität einer Versuchsreihe, **= Signifikante Zytotoxizität beider Versuchsreihen.

In Bezug auf das Ansprechen auf eine Irinotecan- Behandlung wurden die Zelllinien nachfolgend in eine sensitive und eine resistente Gruppe eingeteilt (Tabelle 16). Dabei wurden Zelllinien mit signifikanten Ergebnissen in mindestens einer Versuchsreihe als sensitiv, und solche mit weniger starken Veränderungen als resistent klassifiziert. Für die Gruppe der $KRAS^{wt}$ ergeben sich so sieben sensitive und eine resistente Zelllinie, für die im Zusammenhang mit den sieben sensitiven $KRAS^{mut}$- Zelllinie ein p-Wert von 0.33 errechnet wurde. Betrachtet man den *BRAF*- Status können von 12 Zelllinien mit Wildtyp- Status elf als sensitiv und eine als resistent bezeichnet werden. Von den $BRAF^{mut}$- Zelllinien reagieren alle drei sensitiv (Chi^2- Test, p=0.60). Fasst man den *KRAS*- und den *BRAF*- Status zusammen gibt der mittels Chi^2- Test berechnete p-Wert von 0.14 das Verhältnis der fünf Linien mit Wildtyp- Status (vier sensitiv und eine resistent) zu den zehn mutierten Linien (zehn sensitiv und keine resistent) wider. Mit p-Werten von 0.53 für *PIK3CA* und 0.30 für den *EGFR* Exon 13 Polymorphismus können keine signifikanten Korrelationen aufgezeigt werden, da jedem Parameter sensitive und resistente Zelllinien zugeordnet wurden.

Tabelle 16: Klassifikation der 15 Kolonkarzinom- Zelllinien in Bezug auf ihr Ansprechen auf die Behandlung mit Irinotecan.

Zielgen	Status	sensitiv	resistent	Chi^2-Test p- Wert
KRAS	wt	7	1	0.33
	mut	7	0	
BRAF	wt	11	1	0.60
	mut	3	0	
KRAS/BRAF	wt	4	1	0.14
	mut	10	0	
PIK3CA	wt	10	1	0.53
	mut	4	0	
EGFR Ex13	Lys > Lys	7	1	0.30
	Lys > Arg	8	0	

Zelllinien mit signifikanten Wachstumsinhibierungen wurden als sensitiv, alle anderen als resistent klassifiziert. Ex = Exon, wt = Wildtypstatus für das jeweilige Gen, mut = mutiert, Lys = Lysin, Arg = Arginin.

3.2.2.2 Effekte der Kombinationsbehandlung auf molekularer Ebene

3.2.2.2.1 Änderung der Egfr - Proteinexpression

Da Egfr die direkte Zielstruktur von Pmab und Cmab ist, sollten nachfolgend die Auswirkungen einer anti-EGFR- Antikörperbehandlung auf die Egfr-Proteinexpression untersucht werden. Dazu wurden zur kombinatorischen Behandlung mit Pmab/Cmab und Irinotecan auch Versuche zu den jeweiligen Medikamenten in Monobehandlung durchgeführt.

Eine Expression für Egfr wurde in sechs von sieben untersuchten Kolonkarzinom- Zelllinien gefunden (Abbildung 27). Wie zuvor (Kapitel 3.1.2.3.2.) konnte kein Egfr in Colo320 nachgewiesen werden.

Für die Wirkung der einzelnen Medikamente oder auch deren Kombinationen auf die Egfr-Expression kann Folgendes erkannt werden: CaCO2 ist die einzige Zelllinie, bei der nach Behandlung mit Pmab/Cmab und Irinotecan keine Egfr-Expression mehr detektierbar ist. Diese ist für die Kombinationsbehandlung mit Pmab bei HCA7 ebenfalls stark herabgesetzt. Bei LOVO resultiert eine Behandlung mit Irinotecan in einer schwachen Egfr-Bandenintensität. Bei HT29P zeigt sich nach Kombinationsbehandlung mit Cmab eine hohe Egfr-Expression. Für alle anderen Zelllinien sind keine einheitlichen Muster in der Egfr-Expression erkennbar.

Egfr in seiner phosphorylierten Form (pEgfr) wurde in vier von sieben Zelllinien detektiert. Insgesamt ist diese Expression schwach und zeigt nur für HCT116 Ausnahmen: Nach Behandlung aus der Kombination mit Cmab und Irinotecan war mehr pEgfr-Protein detektierbar.

Bezogen auf den *KRAS/BRAF*- Mutationsstatus zeigen die *KRAS/BRAF*^{wt}-Zelllinien (CaCO2 und HCA7) deutlich erniedrigte Egfr-Expressionen nach einer Kombinationsbehandlung. Für die Zelllinien mit Mutationen in *KRAS*

(HCT116, LOVO) oder *BRAF* (Colo205, HT29P) kann keine generelle Aussage getroffen werden.

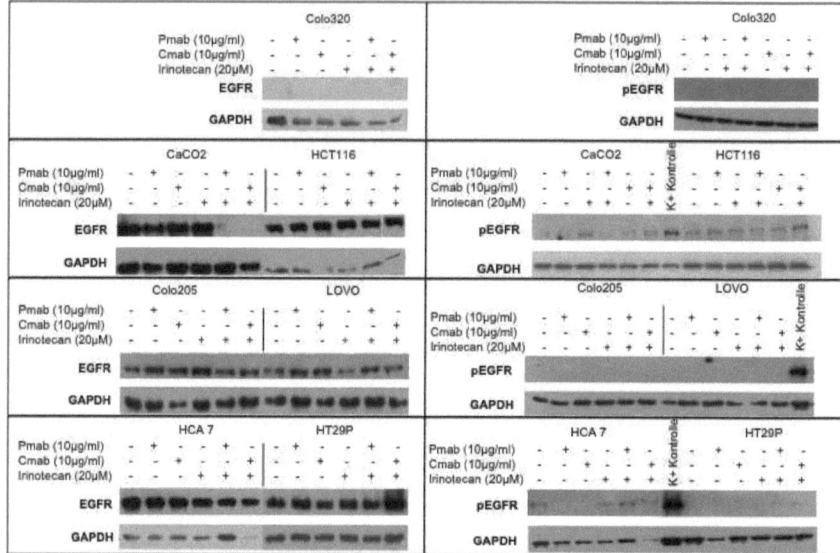

Abbildung 27: Detektion der Proteine Egfr (links) und pEgfr (rechts) an sieben Kolonkarzinom- Zelllinien. Nach 24-stündiger Inkubation mit Pmab, Cmab, Irinotecan, sowie deren Kombinationen wurde Gesamtprotein isoliert und gelelektrophoretisch aufgetrennt. Als Referenz wurde Gapdh und eine Egfr- überexpremierende Positivkontrolle verwendet.

3.2.2.2.2 Die Bedeutung einer anti-EGFR-Antikörpertherapie für Kolonkarzinome mit Mikrosatelliten- Instabilität

Defekte im DNA mismatch- Reparatursystem zeigen sich auf molekularer Ebene häufig durch eine Mikrosatelliten- Instabilität (MSI). Es ist bekannt, dass Patienten mit MSI- Tumoren häufig eine bessere Prognose in Bezug auf das Überleben haben, obwohl sie meist nicht von einer Chemotherapie profitieren (Vilar, 2008). Ob dies auch für eine Behandlung mit anti-EGFR- Antikörpern zutrifft, soll im Folgenden näher untersucht werden.

Hierzu wird zunächst Braf genauer betrachtet, da diese Kinase nicht nur wichtiger Bestandteil der Signaltransduktion ist, sondern im Fall einer Mutation auch mit Defekten im DNA- Reparatursystem assoziiert ist. Mutationen von Braf finden sich im kolorektalen Karzinom zu ca. 13% und führen beispielsweise auch zu einer Methylierung des Mlh1- Promotors. Mlh1 ist zusammen mit Msh2, Msh6 und Pms2 für die Korrektur von Fehlern bei der DNA-Replikation zuständig, die in den kurzen, repetitiven Mikrosatelliten besonders häufig stattfinden und zu Insertionen oder Deletionen in diesen Sequenzen führen.

Im Nachfolgenden wurde das Kollektiv der Zelllinien auf die Expression der oben genannten Reparaturenzyme untersucht. Dabei sind in sechs Zelllinien (43%) keine Expressionen für mindestens ein Reparaturenzym (Tabelle 17). Fünf dieser Zelllinien wurden nach den Ergebnissen aus Kapitel 3.2.1.1.2. als sensitiv für eine anti-EGFR-Antikörpertherapie klassifiziert. Bei Betrachtung der Ergebnisse in Bezug auf den *BRAF*- Mutationsstatus zeigt sich, dass alle drei Zelllinien mit einer Mutation in *BRAF* alle untersuchten Reparaturenzyme expremieren.

Tabelle 17: semiquantitative Auswertung der immunhistochemischen Untersuchung.

		CaCo2	Colo 205	Colo 206 F	Colo 320	DLD-1	HCA-7	HCT 116	HCT 15	HT 29 P	KM12c	LOVO	SW48	SW403	SW948
Mlh1	Intensität	3+	2+	3+	3+	3+	-	-	3+	3+	-	3+	-	2+	2+
	Prozent	99	99	95	99	99	0	0	100	100	0	99	0	99	99
Msh2	Intensität	3+	3+	3+	3+	1+	2+	3+	2+	3+	3+	1+	3+	3+	3+
	Prozent	99	100	100	100	50	99	100	100	99	98	70**	100	100	100
Msh6	Intensität	3+	3+	3+	3+	-	3+	3+	-	3+	3+	2+	3+	3+	3+
	Prozent	100	100	100	100	0	100	100	0	100	100	90****	99	100	100
Pms2	Intensität	3+	3+	3+	3+	3+	-	-	3+	3+	1+	3+	-	3+	3+
	Prozent	98	100	100	100	100	0	0	99	99	50**	99	0	95	80

-, 1+, 2+ und 3+ bezeichnen steigende Färbungsintensitäten, die Werte 0-100 geben die prozentuale Verteilung wider. *=nukleäre Lokalisation, **= zytoplasmatische Lokalisation, ***= zytoplasmatisch granulär, ****= Färbung in Kern und Zytoplasma, rot = keine bzw. geringe Expression des jeweiligen Proteins.

3.2.2.2.3 Einfluss der Behandlung auf den MAPK- Signalweg

Neben den direkten Auswirkungen der anti-EGFR-Antikörpertherapie auf EGFR selbst, kann eine Behandlung mit Pmab bzw. Cmab die Expression der Effektoren des MAPK- Signalwegs beeinflussen. Daher soll in diesem Kapitel untersucht werden, ob eine Antikörperbehandlung Änderungen in der Expression der Map1- Kinase (MapK) hervorruft.

In Abbildung 28 sind die Veränderungen in der MapK- Expression nach Behandlung mit Pmab und/oder Irinotecan für neun Zelllinien dargestellt. Insgesamt konnten in allen Zelllinien Effekte einer Pmab- und/oder Irinotecan- Behandlung auf die pMapK- Expression nachgewiesen werden. Beide Isoformen der MapK werden jedoch weder durch eine Behandlung mit Pmab, noch mit Irinotecan beeinflusst.

Für die aktive Form pMapK zeigten sich folgende Änderungen in der Expression: Während für sieben Zelllinien pMapK nachgewiesen werden konnte, war es für zwei Linien nicht bzw. fast nicht mehr detektierbar (CaCO2, Colo320). Eine Behandlung mit Pmab hat in den meisten Zelllinien (5 aus 9) eine schwächere pMapK- Expression zur Folge, die durch die Kombination mit Irinotecan meist (5 aus 9) keine weiteren Änderungen hervorruft.

Ergebnisse

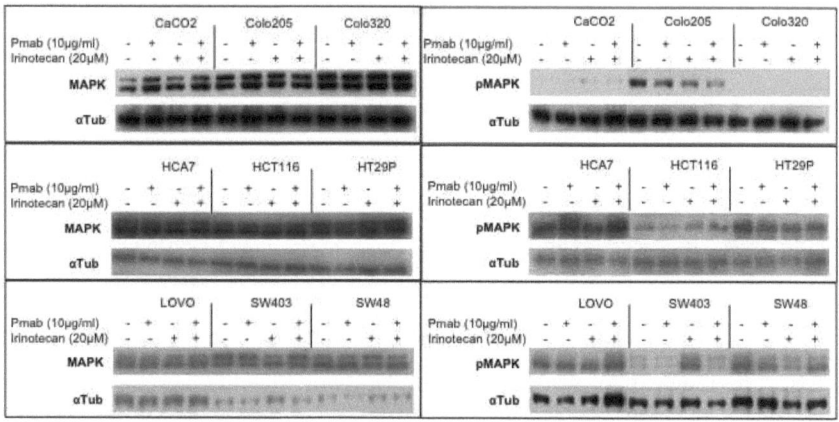

Abbildung 28: Detektion der Proteinexpression für p44/p42-MapK (links) bzw. phospho-p44/p42-MapK (rechts) an neun Kolonkarzinom- Zelllinien. Die Extraktion der Proteine erfolgte nach Behandlung der Zellen mit 10 µg/ml Pmab, 20 µM Irinotecan oder deren Kombination. Als Referenz wurde αTubulin verwendet.

3.2.2.2.4 Auswirkung der Behandlung auf den PI3K/AKT- Signalweg

Da eine Stimulation von Egfr auch Auswirkungen auf die Signalweitergabe über den PI3K/ AKT- Weg haben kann, wurde nun untersucht, inwieweit eine Antikörper-/Zytostatika- Behandlung die Aktivierung bzw. Expression der zentralen Kinase Akt beeinflusst (Abbildung 29).

Für alle Zelllinien konnte eine Akt- und eine pAkt- Proteinexpression nachgewiesen werden, die je nach Zelllinie und Behandlung unterschiedlich beeinflusst wird.

In den meisten Zelllinien zeigten sich größtenteils Akt- Expressionen, die unabhängig von einer Behandlung etwa gleich stark erscheinen. Für zwei Zelllinien sind jedoch Expressionsänderungen zu erkennen. Für SW403 ist eine deutlich intensivere Bande nach Irinotecanbehandlung und im Gegensatz zur

Kontrolle sichtbar. Für SW48 ist Akt gerade nach dieser Behandlung eher schwach expremiert. Phosphoryliertes Akt konnte ebenfalls in jeder untersuchten Zelllinie detektiert werden, im Fall von HCT116 und HT29P jedoch sehr schwach. Insgesamt sind für fünf Zelllinien nach Pmab- Behandlung höhere Bandenintensitäten für pAkt erkennbar, in zwei Zelllinien zeigen sich keine Veränderungen und zwei Zelllinien weisen weniger pAkt auf. Nach einer Monobehandlung mit Irinotecan konnte in fast allen Zelllinien eine unveränderte bzw. geringere pAkt- Expression detektiert werden, die im Fall von SW403 besonders deutlich ausgeprägt ist. Nur bei SW48 findet man hierfür höhere Bandenintensitäten. Eine Behandlung mit Pmab und Irinotecan hat im Gegensatz zur Pmab- Monobehandlung in sechs Zelllinien keine zusätzliche Expressionsänderung zur Folge. Zwei Zelllinien zeigen zusätzlich verringerte und eine Zelllinie erhöhte pAkt- Expressionen nach einer Kombinationsbehandlung.

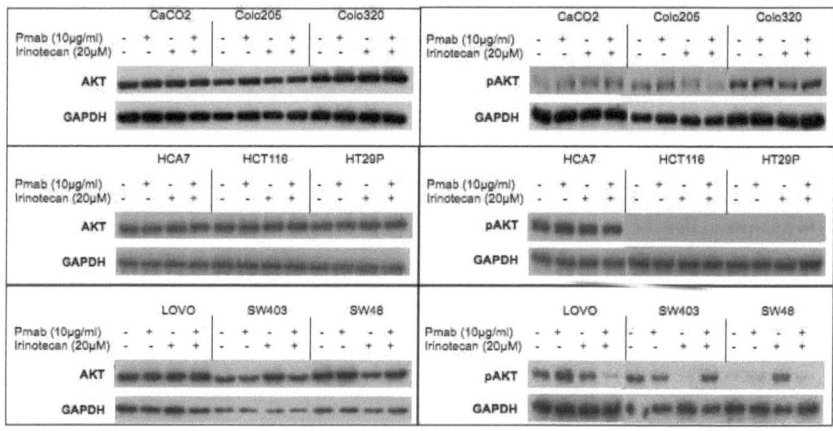

Abbildung 29: Detektion der Proteinexpression für Akt (links) bzw. phospho-Akt (rechts) an neun Kolonkarzinom- Zelllinien. Die Extraktion der Proteine erfolgte nach Behandlung der Zellen mit 10 µg/ml Pmab, 20 µM Irinotecan oder deren Kombination. Als Referenz wurde Gapdh verwendet.

3.2.2.2.5 Die Rolle von p53 für die targeted therapy

Laut einer Studie von Oden-Gangloff et al. führt eine Behandlung mit einer Kombination aus anti-EGFR-Antikörper und Irinotecan bei Patienten mit mCRC zu einer Verlängerung der progressionsfreien Zeit, wenn eine Mutation in p53 vorliegt (Oden-Gangloff, 2009). Im Nachfolgenden wird daher untersucht, ob sich diese Ergebnisse auf Zelllinienebene bestätigen lassen.

Das Tumorsuppressorgen p53 ist unter Anderem an der Regulation des Zellzyklus, des Zellwachstums und der Apoptose beteiligt und komplexerweise mit der Signalweiterleitung über den MAPK- und den PI3K-Weg assoziiert.

Mit Hilfe des Western Blots wurden in neun Zelllinien die Auswirkungen einer Behandlung mit Pmab und/oder Irinotecan auf die p53- Proteinexpression untersucht (Abbildung 30 links).

Außer für CaCO2 konnte p53 in jeder Zelllinie detektiert werden. Dabei waren in sechs Zelllinien geringe bis moderate und in zwei Zelllinien hohe p53- Expressionslevel nachweisbar. Eine Zelllinie wies ein verändertes Laufverhalten auf.

Um dieses zu erklären, wurden für alle 9 Zelllinien die Exone 4-8 des *TP53*- Gens auf vorhandene Mutationen untersucht (Abbildung 30 rechts). Exemplarisch dazu sind die Sequenzen des *TP53* Exon 4 für die Zelllinien Colo 205 und SW403 (Abbildung 31). Vier Zelllinien wiesen einen p53 Wildtyp- Status auf. Von vier Zelllinien mit p53^{mut} wurden für zwei Punkt- und für zwei nonsense-Mutationen gefunden. Das veränderte Laufverhalten von HCA7 lässt sich durch eine detektierte Deletion erklären.

Bei Korrelation der p53- Expression mit dem p53- Mutationsstatus zeigt sich, dass alle Zelllinien ohne bzw. mit geringer bis moderater Expression entweder p53 Wildtyp-Status oder aber nonsense Mutationen besitzen. Zelllinien mit Punktmutationen zeigen eine hohe p53- Expression.

Bei der Behandlung mit Pmab konnten gegenüber der unbehandelten Kontrolle in allen Zelllinien keine Änderung in der p53- Proteinexpression gefunden werden. Für die Behandlung mit Irinotecan zeigten sich in fünf Zelllinien erhöhte p53- Expressionslevel, drei Linien weisen keine Änderungen auf. Nach Behandlung mit Pmab und Irinotecan in Kombination ist in vier Zelllinien mehr p53 detektierbar, die restlichen Zelllinien expremieren p53 unverändert.

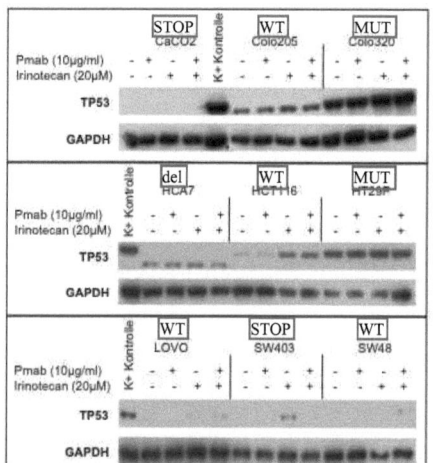

Abbildung 30: Links: Detektion der p53- Proteinexpression in 9 der 15 Kolonkarzinom- Zelllinien. Die Extraktion der Proteine erfolgte nach Behandlung der Zellen mit 10µg/ml Pmab, 20µM Irinotecan oder deren Kombination. Als Referenz diente Gapdh. Als Positiv-Kontrolle (K+) wurde die Zelllinie A431 verwendet. Rechts: Mutationsanalyse von TP53 in den Kolonkarzinom- Zelllinien. Die grau markierten Zelllinien finden sich in der linken Abbildung wieder.

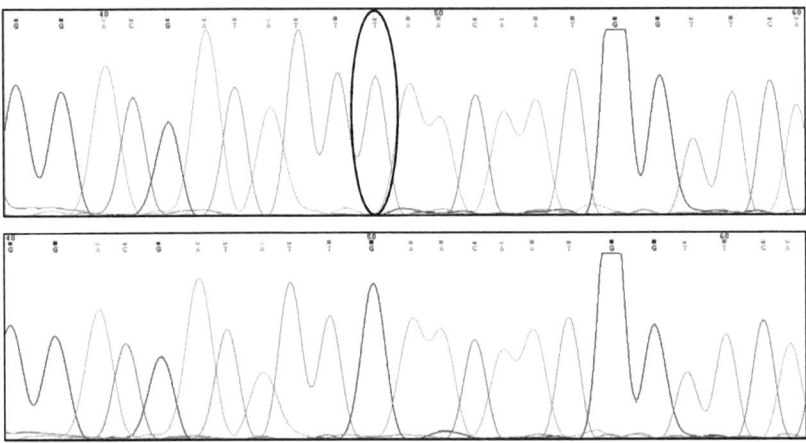

Abbildung 31: Sequenzen zu *TP53* Exon 4 der Kolonkarzinom- Zelllinien SW 403 (links) und Colo 205 (rechts). Für SW 403 ist ein homozygoter Basenaustausch deutlich erkennbar (Markierung). Colo 205 besitzt Wildtyp- Status.

3.2.2.2.6 Zusammenfassung zur Proteinexpressionsänderung nach anti-EGFR-Antikörpertherapie

Zur besseren Übersicht werden die Ergebnisse des Kapitels 3.2.2.2 abschließend zusammengefasst. Hierzu wurden die neun untersuchten Zelllinien nach ihrem jeweiligen *KRAS/BRAF*- Mutationsstatus und ihrer Proteinexpressionsänderung nach Pmab-Behandlung aufgelistet (Tabelle 18).

Obwohl eine Behandlung mit Pmab meist keine einheitlichen Expressionsänderungen in den Zelllinien zur Folge hat, lassen sich in der Korrelation mit dem *KRAS/BRAF*-Mutationsstatus jedoch Muster erkennen. *KRAS/BRAF*^{wt}- Zelllinien expremieren nach Pmab-Behandlung eher weniger Egfr und pEgfr und meist mehr pAkt. In Zelllinien mit *KRAS* oder *BRAF*- Mutationen findet sich nach Pmab- Behandlung häufig eine erhöhte Expression für Egfr und pEgfr und eine verringerte Expression für pMapk. Für die

Expressionen von MapK, Akt und p53 können keine Veränderungen durch eine Behandlung nachgewiesen werden.

Behandelt man nun zusätzlich mit Irinotecan zeigen sich für den meisten Zelllinien und Proteinexpressionen keine Änderungen. Lediglich die Expression von p53 ist durch eine Zugabe von Irinotecan in vier Zelllinien erhöht.

Tabelle 18: zusammenfassende Darstellung der Proteinexpressionsänderungen nach Pmab-Behandlung.

		Proteinexpression nach Behandlung mit Pmab						
Mut. Status	Zelllinie	Egfr	pEgfr	Mapk	pMapk	Akt	pAkt	p53
KRAS/BRAFwt	CaCO2							
	Colo320	-	-			-		
	HCA7							
	SW48	k.A.	k.A.					
KRASmut	HCT116							
	LOVO		-					
	SW403	k.A.	k.A.					
BRAFmut	Colo205		-					
	HT29P							

Rot= geringere Expression nach Behandlung, grün= höhere Expression nach Behandlung, grau= unveränderte Expression nach Behandlung, - = nicht detektierbar, k.A.= keine Angabe, Farbverlauf= Expressionsänderung nach zusätzlicher Behandlung mit Irinotecan.

3.2.2.3 Einfluss der anti-EGFR-Behandlung auf den Zellzyklus

Da die Aktivierung von Egfr den initialen Schritt der Signalweiterleitung darstellt und da diese wiederum mit einer Wachstumsstimulation assoziiert ist, werden im Folgenden die Effekte einer Behandlung auf den Zellzyklus untersucht.

Im Laufe eines Zellzyklus verdoppelt sich der DNA-Gehalt einer Zelle um anschließend in der Mitose auf beide Tochterzellen verteilt zu werden. Die Analyse des Zellzyklus basiert daher auf dem DNA-Gehalt, der durch

Interkalation des Farbstoffs Propidiumiodid (PI) mit der DNA im Durchflusszytometer gemessen wird.

3.2.2.3.1 Bestimmung der Panitumumab- Dosis

Es ist bekannt, dass die Bindung von Pmab an Egfr nicht nur mit verminderter Signalweitergabe, sondern auch mit Auswirkungen auf die G0/G1- Zellzyklusphase assoziiert ist (Übersicht in Bareschino, 2008). Um diesen G1/S- Arrest nach Pmab- Behandlung in den Zelllinien des kolorektalen Karzinoms nachzuweisen, wurden zunächst Vorversuche mit der sensitiven Zelllinie CaCO2 durchgeführt.

Bereits bei Behandlung mit der geringsten Pmab-Konzentration (1 µg/ml) befinden sich gegenüber der unbehandelten Kontrolle ca. 11% mehr Zellen in der G0/G1- Phase (Abbildung 32). Bei Verwendung von 10 µg/ml Pmab kann der G1/S- Arrest um weitere 5% auf insgesamt 16% gesteigert werden. Durch eine weitere Steigerung der Pmab-Konzentration (100 µg/ml) konnte keine weitere Verstärkung dieses Effekts auf den Zellzyklus mehr beobachtet werden. Apoptotische Zellen, die anhand der prä G0/G1- Phase dargestellt werden, sind auch bei Behandlung mit der höchsten Pmab-Konzentration kaum zu detektieren (unbeh: 6%, Pmab 100 µg/ml: 6,53%).

Nachfolgend wurde eine Pmab- Konzentration von 10 µg/ml für alle weiteren durchflusszytometrischen Analysen verwendet.

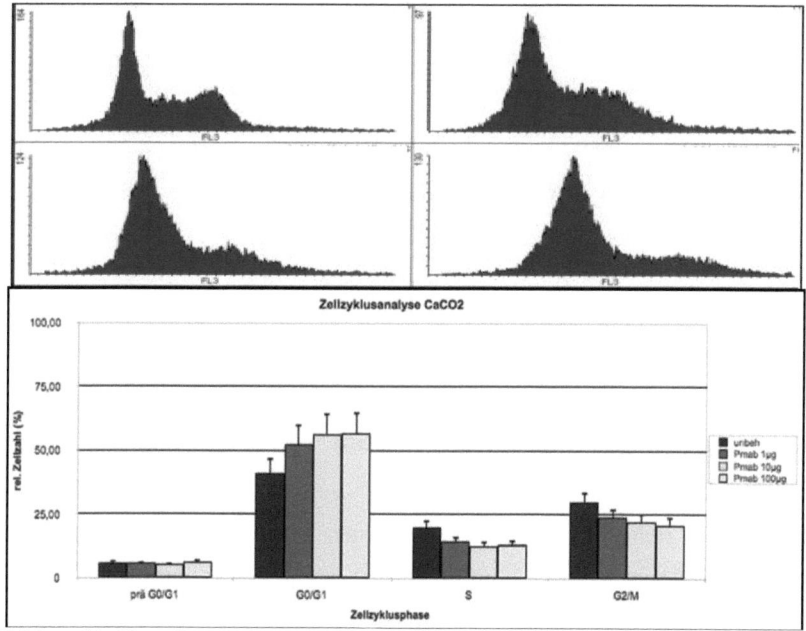

Abbildung 32 Oben: Darstellung der durchflusszytometrischen Messung des Zellzyklus der Zelllinie CaCO2. Von links oben nach rechts unten: unbehandelte Kontrolle, Behandlung mit 1 µg/ml Pmab, Behandlung mit 10 µg/ml Pmab, Behandlung mit 100 µg/ml Pmab. Unten: Auswertung des in Doppelbestimmung gemessenen Experiments. FL3 = Fluoreszenzemmissionskanal 3.

3.2.2.3.2 Bestimmung der Irinotecan- Dosis

Zur Ermittlung einer Dosis- Wirkungsbeziehung des Zytostatikum Irinotecan für die Zellzyklusanalysen wurde die Zelllinie SW48 gewählt, da diese im Zytotoxizitätsassay (Kapitel 3.2.2.1.2.) sensitiv auf eine Behandlung mit Irinotecan reagierte. Es wurden die Konzentrationen 1 µM, 2 µM und 5 µM für eine Behandlungsdauer von 48 Stunden getestet (Abbildung 33).

Bereits in der geringsten Irinotecan- Konzentration erhöht sich die relative Zellzahl der prä G0/G1- Phase von 3.42% auf 13.51%, was einer starken Erhöhung apoptotischer Zellen entspricht. Die Zellzahl der G0/G1- Phase ist um ca. 50% niedriger, die der Zellen in der S- Phase um ca. 4% herabgesetzt. Die um 16% höhere Zellzahl der G2/M- Phase weist auf einen Arrest in dieser Phase hin. Diese Effekte können bei Behandlung mit 2 µM Irinotecan nicht weiter gesteigert werden. Die Behandlung mit 5 µM Irinotecan führt zu stark zytotoxischen Effekten: Während sich die Zahl der Zellen in prä G0/G1 auf ca. 22% erhöht, befinden sich nur noch ca. 10% der Zellen in G0/G1. Die relative Zellzahl der S-Phase ist von 13% auf 5% deutlich reduziert. 55% (gegenüber 32%) der Zellen sind in der G2/M- Phase arretiert.

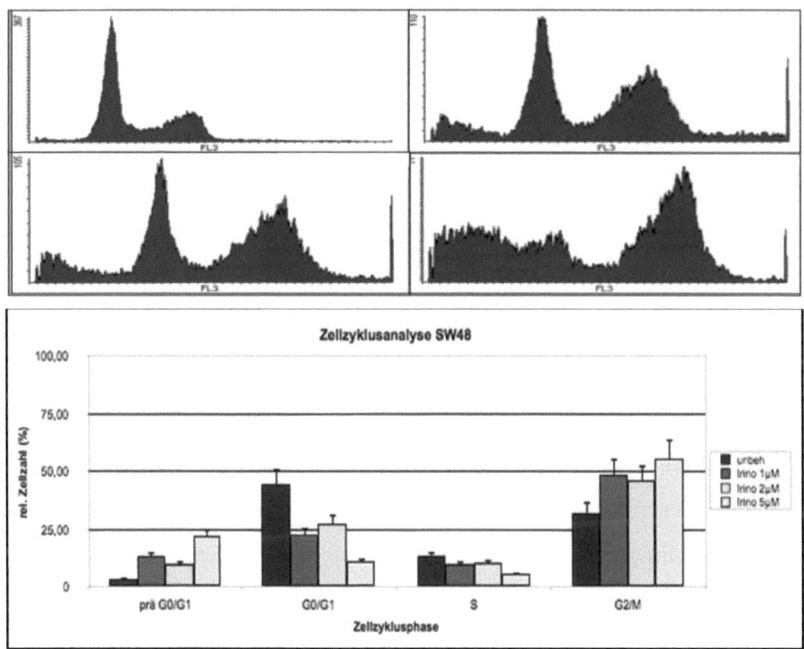

Abbildung 33 oben: Darstellung der durchflusszytometrischen Messung des Zellzyklus der Zelllinie SW48. Von links oben nach rechts unten: unbehandelte Kontrolle, Behandlung mit 1 µM Irinotecan, Behandlung mit 2 µM Irinotecan, Behandlung mit 5 µM Irinotecan. Unten: Auswertung des in Doppelbestimmung gemessenen Experiments. FL3 = Fluoreszenzsemmissionskanal 3.

3.2.2.3.3 Induktion der Apoptose

Die Apoptose ist durch einen kontrollierten Ablauf charakterisiert und beschreibt den Prozess einer Zelle den programmierten Zelltod einzugehen (Siewert, 2005). Sie kann auf verschiedene Weisen ausgelöst werden, bei denen der Abbau einer Zelle letztlich durch entsprechende Enzyme katalysiert wird.
Im vorangegangenen Kapitel 3.2.2.3.2 konnte durch eine Behandlung der Zelllinie SW48 mit Irinotecan ein Anstieg der Zellzahl in prä G0/G1 beobachtet werden. Um die Induktion der Apoptose durch Irinotecanbehandlung näher zu bestimmen, wurden die Auswirkungen einer solchen Behandlung auf die Spaltung von Parp hin untersucht.
Parp ist ein Surrogatmarker, der in gesunden Zellen an der DNA-Reparatur beteiligt ist. Befindet sich die Zelle in Apoptose kommt es - durch Caspase 3 induziert - zur Spaltung von Parp. Dabei wird das 116 kDA große Enzym in eine 89 kDA und eine 24 kDA Untereinheit aufgespalten (Till et al., 2008).
Abbildung 34 zeigt, dass das ungeschnittene Parp in allen Zelllinien detektierbar ist. Während das 89 kDa- Spaltprodukt von Parp nur in drei Zelllinien gefunden wurde, ist das 24 kDa- Produkt in jeder Probe erkennbar.
Im Vergleich zur unbehandelten Kontrolle konnte für vier Zelllinien eine Induktion der Apoptose gezeigt werden, da hier eine stärkere Parp- Spaltung nach Behandlung mit Irinotecan nachweisbar war. In den restlichen Zelllinien ist kein Unterschied in der Parp- Spaltung zwischen Kontrolle und Behandlung erkennbar.

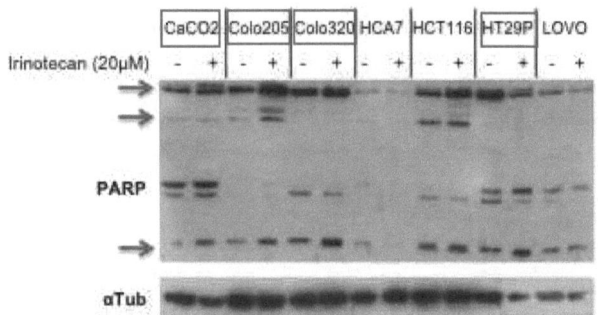

Abbildung 34: Auswirkungen der Behandlung mit Irinotecan auf die Spaltung von Parp in 7 Kolonkarzinom- Zelllinien. Die Pfeile zeigen die jeweiligen Spaltprodukte bei 116 kDa, 89 kDa und 24 kDa. rot = Zelllinien, bei denen Apoptoseinduktion nachweisbar ist. Zur Qualitätssicherung wurde αTubulin als Positiv- und Ladekontrolle mitgeführt.

3.2.2.3.4 Effekte der Kombinationsbehandlung auf den Zellzyklus

Bisher konnte gezeigt werden, dass eine Behandlung mit Pmab einen Arrest in der G0/G1- Phase des Zellzyklus zur Folge hat. Eine Behandlung mit Irinotecan führt in einigen Zelllinien zu einer Induktion der Apoptose. Im Folgenden soll nun genauer untersucht werden, welche Auswirkungen eine Behandlung mit Pmab auf die Apoptoseinduktion hat beziehungsweise, wie eine Irinotecanbehandlung den G1/S- Arrest beeinflusst.

In Abbildung 35 sind exemplarisch die Messungen der Zelllinien HCA7 und SW48 dargestellt. Bei HCA7 zeigt sich, dass eine kombinatorische Behandlung gegenüber der Monobehandlung keinen zusätzlichen Effekt auf den Zellzyklus ausübt. Bei SW48 hingegen liegt die Zellzahl in der prä G0/G1- Phase höher als bei den Monobehandlungen, diese Änderungen sind jedoch nicht signifikant (Student's t- Test, p= 0.43 für Pmab bzw. p= 0.19 für Irinotecan).

Bei beiden Linien führt eine Behandlung mit Pmab zu einem nicht signifikanten Anstieg der Zellzahl in G0/G1. Eine Irinotecanbehandlung resultiert für HCA7 - wie zuvor (Kapitel 3.2.2.3.3.) - nicht in einer Induktion der Apoptose. Für

SW48 ist eine Apoptoseinduktion deutlich erkennbar. Bei einer Kombinationsbehandlung sind in beiden Zelllinien und im Vergleich zur Pmab- bzw. Irinotecan- Monobehandlung meist geringere Zellzahlen für die Zellzyklusphase G0/G1 erkennbar.

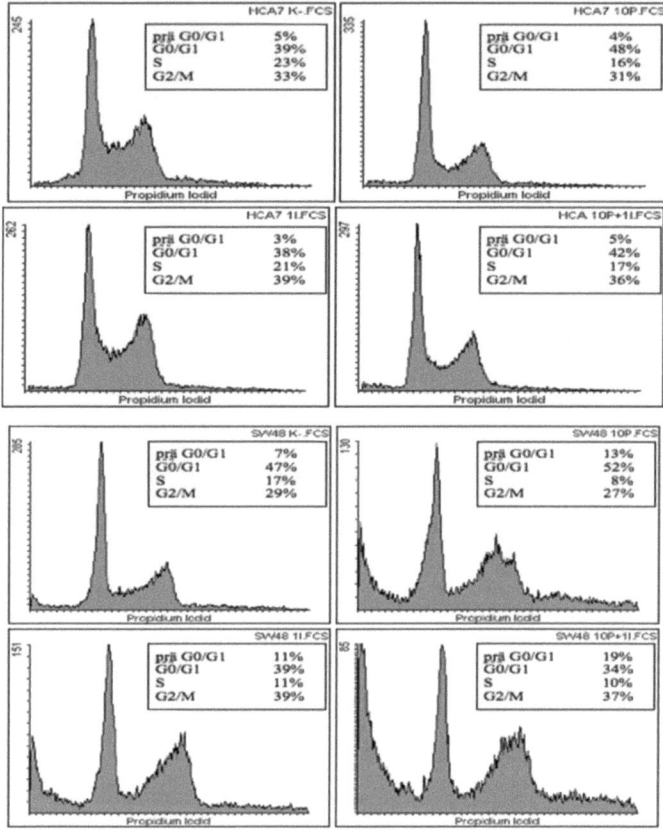

Abbildung 35: Darstellung der durchflusszytometrischen Messung des Zellzyklus der Zelllinien HCA7 (links) und SW48 (rechts). Je von links oben nach rechts unten: unbehandelte Kontrolle, mit 10 µg/ml Pmab behandelte Zellen, mit 1 µM Irinotecan behandelte Zellen, Kombinationsbehandlung mit Pmab und Irinotecan.

Zur Betrachtung aller neun Zelllinien wurden die Messungen von zwei Versuchsreihen für die prä G0/G1-, die G0/G1- und die G2/M- Phase des Zellzyklus gemittelt (Abbildung 36). Es konnte gezeigt werden, dass drei Zelllinien auf eine Behandlung mit Irinotecan Apoptose induzieren. Dies wurde ebenfalls für fünf Linien nach einer Kombinationsbehandlung beobachtet. Ein Zellzyklusarrest in G1/S war nach Pmab- Behandlung in einer Zelllinie (CaCO2) nachweisbar. Für die Irinotecan- Monobehandlung war kein Arrest in G1/S detektierbar, jedoch zeigte sich für fünf Linien ein G2/M- Arrest. Für die Kombinationsbehandlung konnten keine Veränderungen im Vergleich zur Pmab- bzw. Irinotecan- Monobehandlung detektiert werden.

Im Zusammenhang mit dem *KRAS/BRAF*- Mutationsstatus und den Behandlungseffekten auf die Apoptose und den Zellzyklus zeigt sich kein einheitliches Muster. Von den drei Zelllinien, die auf eine Behandlung mit Irinotecan mit Apoptose reagieren, ist je eine *KRAS/BRAF*^{wt}, *KRAS*^{mut} oder *BRAF*^{mut}. Die Induktion der Apoptose wurde nach einer Kombinationsbehandlung in zwei Zelllinien mit *KRAS/BRAF*^{wt}, in zwei mit *KRAS*^{mut} und in einer mit *BRAF*^{mut} detektiert. Ein G1/S- Zellzyklusarrest nach Pmab- Behandlung wurde in einer *KRAS/BRAF*^{wt}- Zelllinie beobachtet, ein G2/M- Arrest nach Irinotecanbehandlung zeigt sich in einer *KRAS/BRAF*^{wt}-, in zwei *KRAS*^{mut}- und in zwei *BRAF*^{mut}- Zelllinien.

Ergebnisse

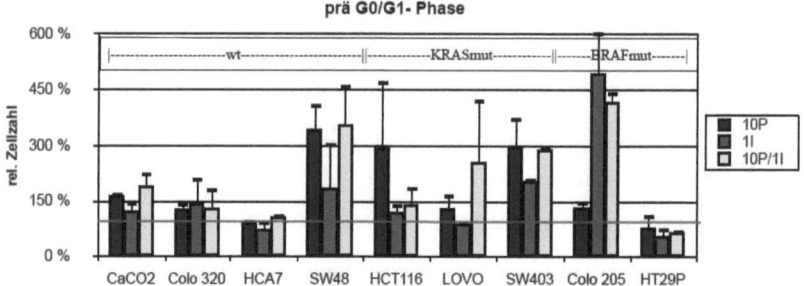

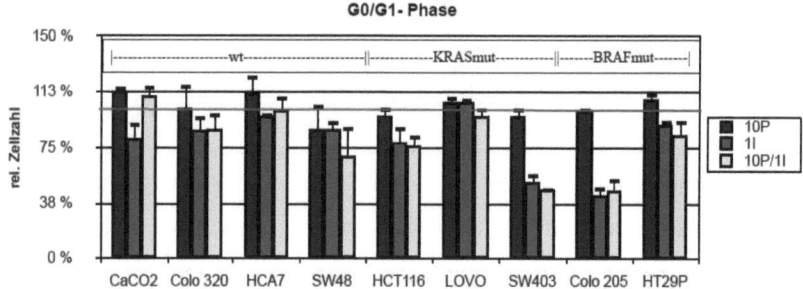

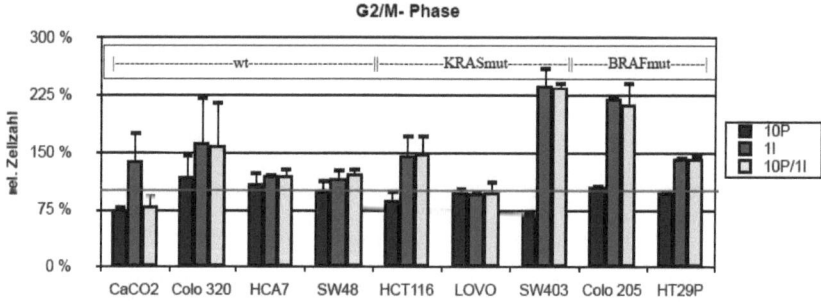

Abbildung 36: Auswertung der Zellzyklusphasen prä G0/G1, G0/G1 und G2/M (von oben nach unten) von neun Zelllinien. Es wurde in Doppelbestimmung gemessen und gegen die Kontrolle dargestellt (rote Linie).

3.2.2.4 Wirkspektrum der targeted therapy auf Zelllinien des Kolonkarzinoms

In der vorangegangenen Zellzyklusanalyse (Kapitel 3.2.2.3) wurde gezeigt, dass bei Behandlung mit Pmab, Irinotecan bzw. deren Kombination sowohl Zelllinien mit, als auch Zelllinien ohne Veränderungen in der prä G0/G1 bzw. G0/G1- Phase des Zellzyklus gefunden werden. Um zu klären, ob sich die Effekte einer Kombinationsbehandlung synergistisch verstärken oder aber antagonistisch entgegenwirken, werden nachfolgend die Sensitivitäten aller 15 Zelllinien auf eine Kombinationsbehandlung bestimmt.

In Abbildung 37 sind die Ergebnisse der Mono-, als auch der Kombinationsbehandlungen eines anti- EGFR- Antikörpers, sowie des Zytostatikums Irinotecan dargestellt. Alle Zelllinien außer KM12c zeigen eine Wachstumsinhibierung nach Pmab- Behandlung, die für sieben Linien signifikant ist (siehe auch Kapitel 3.2.1.1.2). Nach einer Irinotecan-Monobehandlung wurden für alle Zelllinien hohe zytotoxische Effekte gefunden (Ausnahme: KM12c). Eine zusätzliche Applikation der anti-EGFR-Antikörper zur Irinotecanbehandlung führt in keiner der Zelllinien jedoch zu einer zusätzlichen signifikanten Wachstumsinhibierung.

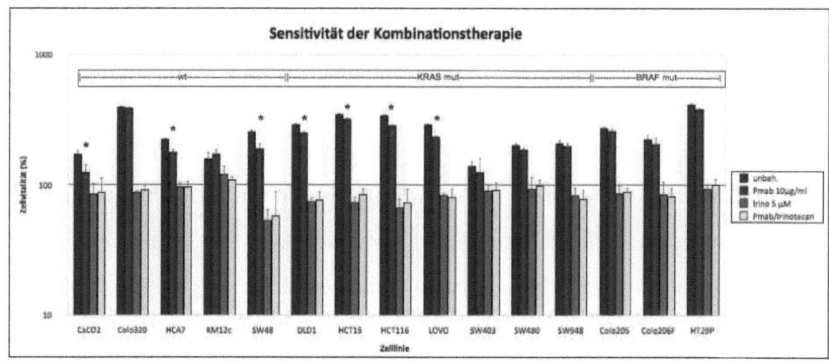

Abbildung 37: Sensitivität der 15 Kolonkarzinom- Zelllinien auf die Behandlung mit Pmab, Irinotecan und deren Kombinationen. Über einen Zeitraum von 48 Stunden wurden die Zellvitalitäten in fünffacher Messung photometrisch bestimmt und mit einer Kontrolle normiert. *= Signifikante Wachstumsinhibierung.

Zur Auswertung dieser Beobachtungen, wurde mit Hilfe der Formel nach Berenbaum der Kombinationsindex (CI) für jede Zelllinie ermittelt (siehe Methoden 2.2.4.7.2). In Tabelle 19 sind die Ergebnisse für alle 15 Zelllinien geordnet nach den Mutationsstatus für *KRAS/BRAF* dargestellt. Sowohl für die Therapie mit Pmab und Irinotecan, als auch für die Kombination mit Cmab können keine synergistischen Effekte nachgewiesen werden.

Ergebnisse

Tabelle 19: Kombinationsindizes (CI) für die Kombinationsbehandlung mit anti-EGFR-Antikörper und Irinotecan.

Mut. Status	Zelllinie	CI Pmab/ Irinotecan	CI Cmab/ Irinotecan
KRAS/BRAFwt	CaCO2	1,73	1,61
	Colo320	1,28	1,31
	HCA7	1,54	1,38
	KM12c	1,55	1,62
	SW48	1,38	1,28
KRASmut	DLD1	1,34	1,46
	HCT15	1,44	1,33
	HCT116	1,38	1,36
	LOVO	1,31	1,28
	SW403	1,76	1,67
	SW480	1,60	1,53
	SW948	1,33	1,50
BRAFmut	Colo205	1,37	1,17
	Colo206F	1,36	1,34
	HT29P	1,34	1,30

Die Werte wurden durch die Abhängigkeiten der Einzel-, bzw. kombinatorischen Behandlungseffekte berechnet. mut=Mutation, wt=Wildtyp- Status

4 Diskussion

Im letzten Jahrzehnt haben klinische Studien gezeigt, dass zumindest bei einem Teil der Patienten mit metastasierten, kolorektalen Karzinomen (mCRC) eine gezielte Behandlung mit spezifischen Antikörpern, die gegen den epidermal growth factor receptor (EGFR) gerichtet sind, mit einer signifikanten Verlängerung des Überlebens einhergeht (Übersicht in Linardou, 2008; Normanno, 2009). Mutationsanalysen am *KRAS*- Gen - einem wichtigen intrazellulären Signalmolekül downstream von EGFR - wiesen in späteren Studien darauf hin, dass jedoch nur bei Patienten, deren Tumor keine Mutation in *KRAS* aufweist, eine solche Verbesserung des klinischen Verlaufs durch die anti-EGFR Therapie zu erwarten ist (Übersicht in Monzon, 2009). Daher sind zur Zeit nach den Zulassungsbestimmungen der therapeutischen Antikörper Panitumumab (Vectibix®) und Cetuximab (Erbitux®) Patienten mit KRAS- mutierten Tumoren generell von einer anti-EGFR Behandlung ausgeschlossen.

In einer neueren Meta-Analyse an 579 CRC- Patienten, die mit Cetuximab behandelt wurden, zeigte sich aber, dass Patienten mit einer p.G13D Mutation in *KRAS* ein signifikant längeres progressionsfreies Überleben im Vergleich zu den Patienten dessen Tumoren durch *KRAS*- Mutationen in Codon 12 charakterisiert sind (De Roock, 2010). Diese Ergebnisse werfen die Frage auf, ob die Gruppe von Patienten mit *KRAS* p.G13D mutierten Tumoren möglicherweise doch erfolgreich mit anti-EGFR- Antikörpern behandelt werden können, und daher von der Zulassungsbeschränkung ausgenommen werden sollten.

Zusätzlich bleibt die Frage, warum nur ein Teil der $KRAS^{wt}$- Tumoren auf eine anti-EGFR Behandlung anspricht, das heißt, welche zusätzlichen Faktoren bei der Prädiktion des Erfolgs einer anti-EGFR targeted therapy außer KRAS noch eine wichtige Rolle spielen.

Daher wurde im ersten Teil dieser Arbeit die Bedeutung von Mutationen im *KRAS*-Gen und weiteren Veränderungen im EGFR- Signalweg für die Effizienz einer anti-EGFR- Antikörperbehandlung bei CRC-Tumorzellen in vitro untersucht.

4.1 Bedeutung der konstitutiven Aktivierung des EGFR- Signalweges für die Wirksamkeit von anti-EGFR-Antikörpern

4.1.1 Anti-EGFR-Sensitivität in Abhängigkeit von KRAS-Status

Im Kolonkarzinom sind Mutationen im *KRAS*- Gen in Codon 12 (26%) und Codon 13 (9%) besonders häufig (Andreyev, 2001), während Mutationen in Codon 61 (1.4- 2.7%) und Codon 146 (0.4-4.1%) nur in einer Minderheit der Tumoren auftreten (Edkins, 2006; Loupakis, 2009). In den Untersuchungen des Zelllinien- Kollektivs konnten in 46% der Zelllinien Mutationen in *KRAS* gefunden werden, von denen vier Codon 13 (26%), zwei Codon 12 (13%) und eine Codon 61 (6%) betreffen. Aberrationen in Codon 146 wurden nicht gefunden. Damit weist das hier verwendete Zelllinien- Kollektiv im Vergleich zur klinischen Situation einen deutlich erhöhten Anteil an p.G13D mutierten Tumoren auf.

Bei Behandlung der Zelllinien mit den anti-EGFR- Antikörpern zeigten insgesamt 63% der $KRAS^{wt}$- Zelllinien resistentes Wachstumsverhalten, während 43% der $KRAS^{mut}$- Zelllinien sensitiv für die anti-EGFR- Antikörperbehandlung waren. Damit lässt sich zunächst - im Gegensatz zu den oben genannten klinischen Studien - aus den hier durchgeführten in-vitro Behandlungsexperimenten kein direkter Zusammenhang zwischen dem *KRAS*- Mutationsstatus und der Sensitivität gegenüber einer anti-EGFR- Therapie ableiten. Da aber das Spektrum der Mutationen bei den Zelllinien ebenfalls von der klinischen Situation abweicht, weisen diese Daten bereits daraufhin, dass die Art der Mutation im *KRAS*- Gen wichtig für das Ansprechen der Tumorzellen auf die anti-EGFR- Therapie ist.

4.1.2 Bedeutung des Subtyps der KRAS-Mutation für anti-EGFR-Sensitivität

Mutationen in Codon 12 oder 13 beeinflussen die intrinsische GTPase- Aktivität des Kras- Proteins, was den Wechsel zwischen dem GTP-gebundenen aktiven Status zum GDP-gebundenen inaktiven Status verhindert. Jedoch demonstrierten Analysen der räumlichen Proteinstruktur in der Mitte der 80er- Jahre bereits, dass der Glycinrest an Position 12 kritischer für die korrekte Konformation von Kras ist als das benachbarte Glycin an Position 13 (Barbacid, 1987). Auch funktionelle Analysen, bei denen NIH3T3- Zellen mit verschiedenen Kras- Varianten transfiziert wurden, resultierten in einem aggressiveren Phänotyp in Zellen mit transformierten *KRAS* Codon 12- Mutationen im Vergleich zu Zellen, die Codon 13 Mutationen erwarben (Guerrero, 2000). Darüber hinaus waren in einer klinischen Studie von 194 fortlaufenden kolorektalen Karzinom- Fällen Codon 13 mutierte Tumoren signifikant weniger aggressiv als Tumoren mit Codon 12 Mutationen in Bezug auf ihr Potential lokale und entfernte Metastasen zu generieren (Finkelstein, 1993). Zum biologischen Stellenwert von KRAS ist damit ausreichend beschrieben, dass Mutationen in Codon 13 insgesamt mit besseren Prognosen einhergehen, als Mutationen in Codon 12.

Auch die Ergebnisse zum Zelllinien- Kollektiv stützen die zuvor beschriebenen Beobachtungen: Während die Wachstumskinetik aller Zelllinien mit p.G13D- Mutationen durch eine anti-EGFR- Antikörperbehandlung signifikant reduziert werden konnte, sprach keine der Zelllinien mit Mutationen in entweder Codon 12 oder in Codon 61 auf Cetuximab und Panitumumab an.

4.1.3 Bedeutung weiterer Aberrationen im EGFR-Signalweg für anti-EGFR-Sensitivität

4.1.3.1 EGFR

Im Gegensatz zum Mutationsstatus von KRAS konnten die bisher vorliegenden Studien zum Expressionslevel von EGFR keine prädiktive Bedeutung dieses Parameters für den Einsatz von therapeutischen anti-EGFR- Antikörpern aufzeigen. In Analogie zur Expression von ErbB2/Her2 in Trastuzumab- sensitiven Brustkrebszellen wurde initial erwartet, dass die Expression von EGFR einen nützlichen Prädiktor für das Ansprechen von CRC- Zellen auf die anti-EGFR-Antikörper darstellt. Diese These wurde von prä-klinischen Experimenten unterstützt, bei denen das Ansprechen von verschiedenen Tumorzelllinien auf Panitumumab im Xenograft Maus- Modell direkt mit dem EGFR- Expressionslevel korrelierte (Yang, 2001). Daher war eine positive immunhistochemische EGFR- Färbung der Tumorzellen bei Einführung der anti-EGFR Therapie im kolorektalen Karzinom obligatorisch für die Beteiligung der Patienten an diesen Studien. Trotzdem zeigten spätere klinische Untersuchungen ein signifikantes Ansprechen der Tumoren auf die anti-EGFR- Antikörper auch bei Patienten, deren Tumoren negativ für EGFR waren (Chung, 2005; Lenz, 2006). Diese unerwarteten Ergebnisse könnten teilweise durch unterschiedliche Protokolle bei der EGFR- Immunhistochemie inklusive der Fixierungsmethode oder der Lagerzeit der Gewebeproben erklärt werden (Atkins, 2004; Lenz, 2006). Zusätzlich wurde in verschiedenen Studien eine Heterogenität zwischen den Primärtumorproben und den korrespondierenden Metastasen beobachtet, die gezeigt hat, dass eine fehlende EGFR- Färbung in Primärtumoren nicht eine Expression von EGFR in den korrespondierenden Metastasen ausschließt, die ja das eigentliche Ziel der anti-EGFR Therapie darstellen.

Daher stellt der immunhistochemisch bestimmte EGFR- Expressionsstatus zur Zeit keine verlässliche Methode dar, ein Ansprechen auf die anti-EGFR targeted therapy zu prognostizieren. Die Ergebnisse dieser Arbeit zeigten jedoch, dass die einzige Zelllinie ohne nachweisbare Expression des Egfr- Proteins für die anti-EGFR

Behandlung insensitiv war. Somit wird die ursprüngliche Hypothese unterstützt, dass die Anwesenheit der eigentlichen Zielstrukturen wichtig für die funktionelle anti-Tumor- Aktivität der anti-EGFR- Antikörper ist.

4.1.3.1.1 EGFR- Mutationsstatus, Amplifikation, Polymorphismus, und Liganden

Neben der Expression von EGFR wurden auch weitere funktionelle Veränderungen, wie Genmutation und Amplifikation, das Auftreten von Polymorphismen oder die Expression verschiedener EGFR- Liganden bezüglich ihrer Bedeutung bei der anti-EGFR- Therapie untersucht.

Mutationen von EGFR treten laut einer Studie von Krasinskas et al. in kolorektalen Karzinomen eher selten auf (Krasinskas, 2011). Auch im Kollektiv der Zelllinien wurden lediglich in einer Zelllinie Mutationen in EGFR gefunden. In den Behandlungsexperimenten zeigte diese Zelllinie eine erhöhte Sensitivität gegenüber dem anti-EGFR- Antikörper, wobei die gefundenen Mutationen in Codon 719 und 1016 die Tyrosinkinase- bzw. die Autophosphorylierungsdomäne von Egfr betreffen. Dies entspricht den Beobachtungen von Yarden et al., nach denen Mutationen in nicht-kleinzelligen Bronchialkarzinomen sowohl mit einer gesteigerten Tyrosinkinase- Aktivität, aber auch mit erhöhter Sensitivität gegenüber TK- Inhibitoren assoziiert sind (Yarden, 2005).

Zur Bedeutung von *EGFR*- Amplifikationen für einen targeted therapy- Erfolg gibt es in kolorektalen Karzinomen sehr unterschiedliche Aussagen. Während Laurent-Puig et al. zeigten, dass etwa 20% der Patienten mit amplifiziertem *EGFR* von einer Behandlung mit anti-EGFR- Antikörpern in Bezug auf eine progressionsfreie bzw. gesamte Überlebenszeit profitieren, wurden in einer anderen Studie bei chemo-refraktären Kolonkarzinomen in über 50% der Fälle *EGFR*-Amplifikationen gefunden, die jedoch nicht mit erhöhter *EGFR*- Expression einhergehen (Laurent-Puig, 2009; Shia, 2005; Cappuzzo, 2008). Da im Zelllinien- Kollektiv keine Amplifikationen für *EGFR* gefunden wurden, können keine Aussagen zur Bedeutung von *EGFR*- Amplifikationen für die in vitro- Sensitivität einer Antikörpertherapie getroffen werden.

Polymorphismen in *EGFR*, im speziellen der R521K- Polymorphismus innerhalb der extrazellulären EGF- Bindedomäne, ist nach Gonçalves et al. in der Klinik mit einem besserem Therapieansprechen bei Cmab- Behandlung assoziiert (Gonçalves, 2008). Dieser tritt nach einer Studie von Sobti et al. an 150 Personen zu etwa 48% auf. Im Kollektiv der Zelllinien spiegelt ein Prozentsatz von 53% also in etwa die Allelfrequenz der Bevölkerung wider (Sobti, 2012). Eine erhöhte Sensitivität gegenüber einer Antikörpertherapie konnte jedoch nicht festgestellt werden, was dafür spricht, dass andere Effekte von größerer Bedeutung für einen Therapieerfolg sind.

Abschließend wurde die Expression der Egfr- Liganden Amphiregulin, β-cellulin, Epiregulin, EGF, heparin-binding EGF und TGFα untersucht. Dabei wurden Expressionen aller Liganden nachgewiesen. Insbesondere zeigte sich für Amphiregulin, dass Zelllinien, die für die Behandlung mit anti-EGFR- Antikörpern sensitiv sind, signifikant höhere Expressionen aufweisen als resistente Zelllinien (Student's t-Test; $p=0.04$). Die Expressionslevel der anderen Liganden waren in diesem Zusammenhang nicht signifikant. Diese hohen Expressionen von Amphiregulin sind nach den Beobachtungen von Khambata-Ford et al. bei Behandlung mit einer anti-EGFR- Monotherapie bei Patienten mit mCRC mit einem besseren Krankheitsverlauf assoziiert (Khambata-Ford, 2007).

4.1.3.2 RAS/RAF/MAP-Kinase Pathway

Im Kapitel 4.1.1. wurde eine Resistenz gegenüber einer anti-EGFR-Behandlung bei fünf von acht Zelllinien beobachtet, obwohl diese Wildtyp-Status für *KRAS* aufweisen. Weitere Untersuchungen dieser Zelllinien zeigten, dass drei dieser fünf Zelllinien durch Mutationen in *BRAF* charakterisiert sind. Nach dem derzeitigen Konzept der EGFR- Signalweiterleitung führen Mutationen in der Serin/Threonin- Kinase BRAF zu einer unkontrollierten Aktivierung des EGFR-KRAS-BRAF Signalwegs (Ikenoue, 2003), was sich wahrscheinlich auch auf downstream- Moleküle, wie MAPK auswirkt und somit das resistente Wachstumsverhalten dieser Zelllinien erklären könnte. Umgekehrt wiesen keine der sensitiven Zelllinien Aberrationen in *BRAF* auf. Zusätzlich konnte gezeigt werden, dass Mutationen von *BRAF* und *KRAS* sich im untersuchten Kollektiv gegenseitig ausschließen (Rajagopalan, 2002).

4.1.3.3 PI3K/PTEN/AKT- Pathway

Die EGFR-PI3K-PTEN-AKT- Signalkaskade ist ein zweiter wichtiger Weg der Signalübermittlung, von dem in dieser Arbeit zunächst PTEN und PI3K näher untersucht wurden. Immerhin zeigen mehrere klinische und prä-klinische Studien, dass zum Beispiel der Verlust der PTEN- Expression für ein Nichtansprechen auf eine anti-EGFR- Behandlung in CRC prädiktiv ist (Bardelli und Siena, 2010; Jhawer, 2008; Tejpar, 2010).

4.1.3.3.1 PTEN

Pten ist eine Phosphatase, die das Molekül Pip3 dephosphoryliert und so die Signalweiterleitung über den PI3K- Weg reguliert (Übersicht in Katso, 2001). Inaktivierungen in diesem Tumorsuppressorgen resultieren meist im

Funktionsverlust und stellen die häufigste Ursache einer deregulierten PI3K-Signalisierung dar (Courtney, 2010). Eine solche Inaktivierung wurde in Form einer Pten^{null}- Expression in dieser Arbeit für lediglich eine Zelllinie gefunden. Ähnlich der Egfr^{null}- Zelllinie zeigte auch diese trotz ihres *KRAS/BRAF*^{wt}- Status resistentes Wachstumsverhalten nach einer Antikörperbehandlung. Dies kann durch die Studien von Katso et al. erklärt werden, nach denen Veränderungen von PTEN in zahlreichen Tumorentitäten mit dereguliertem Zellwachstum und mit gesteigerter Tumorprogression in Verbindung gebracht werden (Katso, 2001). Nach Sawai et al. sind gerade beim Kolonkarzinom PTEN^{null}- Tumoren mit besonders aggressivem Wachstum und kürzerem Überleben assoziiert (Sawai, 2008). Bei Behandlung von Patienten mit PTEN^{null}-Tumoren mit anti-EGFR-Antikörpern konnte in zwei unabhängigen Studien sogar eine negative Auswirkung in Bezug auf das Überleben festgestellt werden (Laurent-Puig, 2009, Sartore-Bianchi, 2009). In der Zusammenfassung mit den Ergebnissen dieser Arbeit stellt das Fehlen der PTEN- Expression für die Therapie mit anti-EGFR- Antikörpern offenbar einen negativen prädiktiven Marker dar.

4.1.3.3.2 PIK3CA

Mutationen in PIK3CA führen häufig zu einer konstitutiven Aktivierung dieser Kinase und zeigen bei zahlreichen Tumorentitäten, wie Brust-, Leber-, und Lungenkrebs sowohl in vitro als auch in vivo ein gesteigertes, onkogenes Potential. Im Zelllinien- Kollektiv wurden insgesamt in 26% der Fälle *PIK3CA*- Mutationen gefunden, was in etwa mit der für das kolorektale Karzinom bekannten Häufigkeit von 20% übereinstimmt. Von diesen Mutationen betrafen drei das Exon 9 und eine das Exon 20, was zu Veränderungen in der helikalen bzw. katalytischen Proteindomäne führt. Am häufigsten finden dabei Austausche von Arginin zu Lysin in Codon 542 bzw. 545 des Exon 9 und von Histidin zu Arginin in Codon 1047 des Exon 20 statt (Courtney, 2010).

Bei Behandlung mit anti-EGFR-Antikörpern werden Tumoren mit $PIK3CA^{mut}$ in der Klinik generell mit einer signifikant kürzeren progressionsfreien Zeit in Verbindung gebracht (Sartore-Bianchi, 2009). Nach Ashraf et al. sind nur Fälle mit einer Exon 20- Mutation mit resistentem Wachstumsverhalten assoziiert (Ashraf, 2012). Diese Beobachtungen stehen im Widerspruch zu den Ergebnissen dieser Arbeit, nach denen die Zelllinie mit einer Mutation in Exon 20 sensitiv für die Antikörperbehandlung ist. Dies weist eher auf eine Unabhängigkeit zwischen den Mutationen der katalytischen Pik3ca-Proteindomäne und einer Sensitivität zur Antikörpertherapie hin, was wiederum für eine Beeinflussung der Signalweitergabe downstream von Pik3ca spricht. Zelllinien mit Mutationen von *PIK3CA* Exon 9 zeigen, ähnlich den Beobachtungen von Ashraf et al. sowohl resistentes, als auch sensitives Wachstumsverhalten nach einer Antikörperbehandlung (Ashraf, 2012). Zusammenfassend zeigen die Ergebnisse dieser Arbeit keine konkrete Korrelation zwischen dem *PIK3CA*- Mutationsstatus und der Sensitivität der Antikörpertherapie.

Zusammenfassend konnte gezeigt werden, dass sogar KRAS- mutierte kolorektalen Karzinomzellen von einer anti-EGFR- Behandlung profitieren können, wenn die Mutation das Codon 13 des KRAS-Gens betrifft. Andererseits können $KRAS/BRAF^{wt}$- Tumorzellen insensitiv auf eine anti-EGFR- Behandlung sein, wenn kein funktionelles PTEN oder EGFR vorhanden ist. PIK3CA hat keine signifikante Bedeutung.

4.1.3.4 Kombinationen von genetischen Aberrationen im EGFR- Signalweg

Zur Bedeutung mehrerer Genaberrationen für den Erfolg einer anti- EGFR- Antikörpertherapie zeigt eine Studie von Sartore- Bianchi et al., dass Tumoren mit Veränderungen in zwei oder mehreren der Gene *PIK3CA*, *KRAS*, *BRAF* und *PTEN* in keinem Fall von einer anti-EGFR- Antikörpertherapie profitieren (Sartore-Bianchi, 2009). Obwohl alle Zelllinien mit Mutationen in *PIK3CA*, ebenfalls entweder in *KRAS* oder *BRAF* mutiert waren, konnten die Beobachtungen seiner Arbeitsgruppe im vitro- Modells nicht bestätigt werden. Vom Kollektiv der Zelllinien besitzen vier Linien zwei oder mehr Mutationen in oben genannten Genen, von denen zwei als resistent und zwei als sensitiv für eine anti-EGFR- Antikörperbehandlung gelten. Bei den resistenten Linien handelt es sich um eine im *KRAS*- Codon 12 und um eine *BRAF* mutierte Zelllinie, bei denen unklar bleibt, ob die Resistenz aufgrund nur einer oder aber beider Mutationen besteht. Da beide sensitiven Zelllinien eine p.G13D *KRAS*- Mutation zeigen, könnte dieser Behandlungseffekt eine Beeinflussungen durch ein mutiertes PIK3CA überlagern.

4.1.3.5 Weitere mögliche prädiktive Marker

Zur Identifizierung weiterer möglicher prädiktiver Marker wurde schließlich der Status des DNA-Mismatch-Reparatursystems geprüft, da Defekte in diesem System häufig mit einer Mikrosatelliten- Instabilität und besseren Überlebens- Prognosen assoziiert sind (Vilar, 2008). Andererseits gelten Defekte im mismatch- Reparatursystem (mismatch^{def}) als Kontraindikator für eine Chemotherapie. Das bedeutet, dass Patienten mit mismatch^{def}- Tumoren häufig keine andere Therapieoption außer der Chirurgie zur Verfügung steht. Eine Korrelation zwischen der mismatch^{def}- Tumoren und einem Ansprechen auf eine anti-EGFR- Antikörpertherapie würde diesen Patienten eine weitere Form der Behandlung ermöglichen.

In dieser Arbeit konnte in vitro gezeigt werden, dass in 6 von 14 Fällen (43 %) die Expressionen von mindestens einem, im mismatch- Reparatursystem relevanten, Protein fehlen. Interessanterweise waren 5 dieser 6 Zelllinien sensitiv für eine Behandlung mit anti-EGFR- Antikörpern. Obwohl der Erfolg einer anti-EGFR- Antikörpertherapie eindeutiger über den Status von KRAS und PTEN erfasst werden kann, spricht - nach den Beobachtungen dieser Arbeit - also nichts gegen eine anti-EGFR- Antikörperbehandlung bei Patienten mit mismatch^{def}- Tumoren.

4.2 Wirkmechanismus von anti-EGFR-Antikörpern bei Kolonkarzinom-Zelllinien

Nachdem im ersten Teil dieser Arbeit potentielle prädiktive, molekulargenetische Marker für die anti- EGFR- Antikörpertherapie herausgearbeitet wurden, sollte nun im zweiten Teil untersucht werden, über welche Mechanismen diese Gene zur Sensitivität bzw. Resistenz der Tumorzellen beitragen. Von zentraler Bedeutung ist hier insbesondere der Einfluss der Antikörperbehandlung auf die Signalweiterleitung innerhalb des EGFR-Signalwegs, um letztlich die Folgen dieser Beeinflussung auf Zellzyklus und Apoptose zu ermitteln.

4.2.1 Wechselwirkung der anti-EGFR-Antikörper mit EGFR

Während Egfr- Liganden durch die Bindung an die extrazelluläre Ligandenbindungsdomäne von Egfr eine Dimerisierung mit einem weiteren Mitglied der Rezeptortyrosinkinasen (RTK) einleiten, ist zur Wechselwirkung der anti-EGFR-Antikörper bekannt, dass sie mit sehr hoher Affinität an die extrazelluläre Dimerisierungsdomäne von Egfr binden und somit die Interaktion mit einer weiteren RTK verhindern (You, 2011). Durch konfokale Laser-Mikroskopie konnte hier für alle Zelllinien gezeigt werden, dass nach spezifischer Bindung der anti-EGFR- Antikörper an EGFR in allen Fällen eine Internalisierung des Antikörper- Rezeptor- Komplexes in das Zellinnere folgt. Diese Internalisierung nach einer Antikörperbehandlung führt aber nur bei 33% der Zelllinien zu einer Reduktion der Egfr-Expression. Diese Reduktion wurde genau in den Zelllinien detektiert, die für *KRAS* und *BRAF* Wildtyp- Status besitzen. In allen Zelllinien mit Mutationen für *KRAS* oder *BRAF* wurde eher mehr Egfr nach der Antikörperbehandlung gefunden (67%). Die Tatsache, dass in allen EGFR- exprimierenden Zelllinien eine Internalisierung beobachtet werden konnte, jedoch nur in *KRAS/BRAF*^{wt}- Tumorzelllinien eine niedrigere Egfr- Expression gefunden wurde, deutet darauf hin, dass Mutationen in *KRAS* bzw. *BRAF* sowohl die EGFR- Expression, als auch das Recycling bzw. den Abbau des Egfr-Antikörperkomplexes beeinflussen.

4.2.2 Auswirkung der anti-EGFR-Behandlung auf EGFR downstream- Gene

4.2.2.1 RAS/RAF/MAPK

Obwohl wenig über den Einfluss von MapK (Erk), einem wichtigen downstream- Effektor des RAS/RAF/MAP- Signalweges, auf die Effizienz einer anti-EGFR- Antikörperbehandlung bekannt ist, wurde eine Aktivierung von MapK bereits mit einer Expressionsreduktion des Zellzyklusinhibitors p27 assoziiert (Kress, 2010). In diesem Zusammenhang konnte für das Zelllinien-Kollektiv gezeigt werden, dass nach einer Antikörperbehandlung die Aktivierung von MapK durch Phosphorylierung in 77% der Fälle reduziert wird. Interessanterweise findet sich in diesen, meist *KRAS*- bzw. *BRAF*-mutierten, Tumorzellen keine Korrelation zur Egfr- Expression nach Antikörperbehandlung, was darauf schließen lässt, dass die Effekte der *KRAS*- bzw. *BRAF*- Mutationen die Abhängigkeit zu EGFR überlagern.

Im Zusammenhang mit den Ergebnissen von Yeh et al. konnte zusätzlich gezeigt werden, dass der *BRAF*- Mutationsstatus zwar mit einer MapK-Aktivierung korreliert, jedoch in vitro kein direkter Zusammenhang zwischen einer *BRAF*- Inhibierung und der Aktivierung von MapK gefunden wurde (Yeh, 2009). Auch im hier untersuchten Zelllinienkollektiv kann dadurch erklärt werden, dass eine anti-EGFR- Antikörperbehandlung zwar eine Inhibierung von MapK zur Folge hat, jedoch aufgrund der Mutation in *BRAF* ein resistentes Wachstumsverhalten in diesen Zellen zu finden ist.

4.2.2.2 PI3K/PTEN/AKT

Der PI3K/PTEN/AKT- Signalweg ist eine weitere, wichtige Kaskade bei der Weiterleitung von Signalen, die durch die Egfr- Dimerisierung ausgelöst werden. Beispielsweise beeinflusst die Aktivierung von Akt über PIK3CA, Pip3 und oder Pdk1 zahlreiche zelluläre Prozesse, wie das Wachstum oder aber die Inhibierung der Apoptose (Soung, 2006). In dieser Arbeit wurde daher untersucht, ob ein Zusammenhang zwischen der anti-EGFR- Antikörpertherapie und einer Aktivierung bzw. Inhibierung von Akt besteht (Abbildung 38). Im Kollektiv der Zelllinien konnte dabei in 56% der Fälle eine Aktivierung von Akt nachgewiesen werden, in 22% wurde eine Inhibierung von Akt detektiert und in 22% zeigte sich keine Änderung. Obwohl für die Zelllinien, die eine Inhibierung von Akt aufwiesen gleichzeitig ein resistentes Wachstumsverhalten nach einer anti-EGFR- Antikörperbehandlung nachgewiesen wurde, zeigte die Mehrheit der Zelllinien eine solche Korrelation nicht. Dies weist zum Einen auf eine mögliche Stimulation von Akt durch weitere Signale hin, vor allem aber zeigt sich die sehr komplexe Funktionsweise von Akt auf diverse Mechanismen in der Zelle.

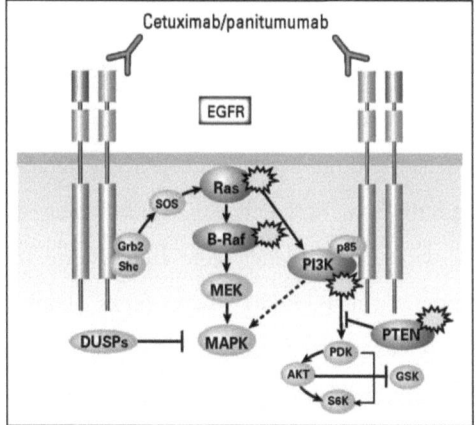 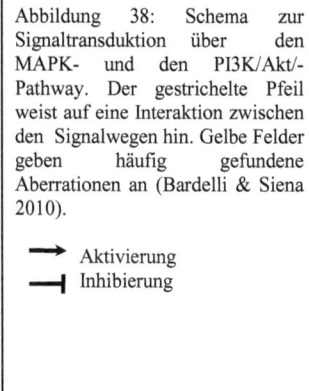

Abbildung 38: Schema zur Signaltransduktion über den MAPK- und den PI3K/Akt/- Pathway. Der gestrichelte Pfeil weist auf eine Interaktion zwischen den Signalwegen hin. Gelbe Felder geben häufig gefundene Aberrationen an (Bardelli & Siena 2010).

→ Aktivierung
⊣ Inhibierung

4.2.3 Zellzyklus und Apoptose

Die untersuchten Gene aus dem EGFR-RAS-RAF und dem EGFR-PTEN-AKT- Signalweg, für die in dieser Arbeit bereits eine wertvolle Funktion als prädiktive molekulare Marker bei der anti-EGFR- Therapie herausgestellt werden konnte, besitzen darüber hinaus allgemein wichtige regulatorische Funktionen bei der Zellzyklus- und Apoptose- Kontrolle. Daher wurde im Folgenden untersucht, inwieweit der Zellzyklus- und Apoptosemechanismen bei der Wachstumsinhibierung unter Behandlung mit anti-EGFR- Antikörper involviert sind.

Zu diesem Zweck wurde zunächst zytometrisch und durch Nachweis der PARP-Spaltung bestimmt, ob eine Behandlung mit anti-EGFR-Antikörper im Kollektiv der Zelllinien zu einer Induktion der Apoptose führt. Dies konnte für 55% der Zelllinien nachgewiesen werden. Dabei fiel auf, dass für alle die Zelllinien Apoptose nachweisbar war, die geringe p53- Proteinexpressionen aufwiesen. Da die p53- Expression im Falle der Tumorzelllinien nicht von einer anti-EGFR- Antikörperbehandlung beeinflusst wird, ergibt sich aus diesen Untersuchungen jedoch kein Hinweis auf eine direkte Beteiligung von p53 an der Apoptoseinduktion.

Eine signifikante Zunahme der Zellen in der G0/G1- Phase als Folge eines Zellzyklusarrest nach Antikörper- Behandlung wurde in lediglich einer Zelllinie nachgewiesen. Die Tatsache, dass diese Zelllinie besonders sensitiv gegenüber der anti- EGFR- Antikörperbehandlung war, spiegelt im Wesentlichen die Beobachtungen von Jhawer et al. wider, nach denen eine Behandlung mit Cetuximab nur in sensitiven Zelllinien zu einem G0/G1- Arrest führte (Jhawer, 2008). Insgesamt zeigen diese Untersuchungen, dass für die beobachtete Reduktion der Zellvitalität unter Antikörperbehandlung je nach Zelllinie sowohl eine Beeinflussung des Zellzyklus als auch Apoptoseinduktion eine funktionelle Bedeutung besitzen können.

4.3 Wirkung und Wirkmechanismus einer Kombinationstherapie von anti-EGFR-Antikörpern und Irinotecan beim CRC

Die kurative Behandlung fortgeschrittener, kolorektaler Karzinome (CRC) beinhaltet neben der chirurgischen Resektion immer auch eine systemische Chemotherapie. In den 90er Jahren betrug dabei die 5-Jahres-Überlebenswahrscheinlichkeit trotz des Einsatzes von 5- Fluoruracil (5FU) und Folinsäure 5-8%. Deutliche Fortschritte bei der Chemotherapie konnten u.a.

durch den zusätzlichen Einsatz des Topoisomerase I- Hemmers Irinotecan erzielt werden. Bereits der Einsatz von Irinotecan allein führte in vivo zu einer signifikanten Reduktion des Tumorwachstums, zur Induktion der Apoptose und/oder zu einem Arrest des Zellzyklus (Bras-Gonçalves, 2000; Fioravanti, 2009). Durch eine Kombinationstherapie aus Irinotecan, 5FU und Folinsäure sind mittlerweile beim fortgeschrittenen CRC mittlere Überlebenswahrscheinlichkeiten von 21-24 Monaten möglich geworden (Meyerhardt & Mayer, 2005).

Nun stellt sich die Frage, ob eine zusätzliche Applikation der anti-EGFR- Antikörper zu dieser Therapieform zu einer zusätzlich verbesserten Überlebenswahrscheinlichkeit führt. Dies konnte in mehreren Studien gezeigt werden. So wurde bei Keating et al. beobachtet, dass das progressionsfreie Überleben bei Patienten mit $KRAS^{wt}$- Tumoren durch den zusätzlichen Einsatz von Pmab signifikant gesteigert werden kann (Keating, 2010).

Die in dieser Arbeit verwendete Kombinationstherapie aus anti-EGFR- Antikörper und Irinotecan führte nach der EPIC- Studie von Sobrero et al. bei Patienten mit *CRC*- Tumoren gegenüber der Irinotecan- Monobehandlung zu einem um 2 Monate gesteigerten progressionsfreiem Überleben (Sobrero, 2008).

Ein wichtiger Aspekt dieser Arbeit war daher die Überprüfung der Wirksamkeit der Antikörper- Irinotecan- Kombinationstherapie im in vitro- Modell, wobei gleichzeitig die Bedeutung der für die Antikörper- Monotherapie relevanten prädiktiven Marker validiert werden sollte.

4.3.1 Zytostatische Effekte einer anti-EGFR/Irinotecan-Kombinationstherapie

Zum Vergleich der Auswirkung einer Kombinationstherapie auf das Kollektiv der Zelllinien wurde zunächst die Wirkung von Irinotecan in der Monobehandlung bestimmt: Es zeigte sich eine signifikant reduzierte Zellvitalität nach Irinotecan- Behandlung in allen bis auf einer Zelllinie (Kapitel 3.2.2.1.2). Eine Monobehandlung mit anti-EGFR-Antikörper in Parallelversuchen führte in sieben Zelllinien zu einer signifikanten Wachstumsinhibierung (Kapitel 4.1.1).

Entgegen der klinischen Beobachtungen, dass eine zusätzliche Applikation von anti- EGFR- Antikörper zu Irinotecan zu verlängerten Überlebenszeiten führt, zeigte eine Kombinationsbehandlung im Kollektiv der Zelllinien jedoch keinen zusätzlichen wachstumsinhibierenden Effekt.

Dieses Ergebnis ist unerwartet und verdeutlicht, dass in vivo offenbar zusätzliche Faktoren für die Effektivität der Kombinationstherapie eine Rolle spielen müssen. Grundsätzliche Unterschiede zwischen dem hier verwendeten in vitro- Modell und der Situation in vivo liegen zum Einen in einer möglichen Wechselwirkung der Antikörper- markierten Tumorzellen mit dem Immunsystem des Patienten: So kann es z.B. bei der ADCC- Immunreaktionen (antibody dependent cellular cytotoxicity = antikörperabhängige, zellvermittelte Zytotoxizität) nach Markierung der pathogenen Zielzellen mit IgG- Antikörpern zur Aktivierung natürlicher Killerzellen kommen, was schließlich zum Eindringen von apoptose-induzierenden Molekülen in die Zielzelle führt (Stroh, 2010).

Zum Anderen wird Irinotecan in vivo in der Leber zu SN-38 metabolisiert, das etwa 1000-fach aktiver auf Tumorzellen einwirkt (Mathijssen, 2001). Dies könnte den Effekt der anti- EGFR- Antikörperbehandlung überlagern.

Ein weiterer wichtiger Unterschied zwischen den klinischen Gegebenheiten und dem hier verwendeten in vitro- Modell könnte mit einer Resistenzentwicklung bei der zum Teil monatelangen Behandlung der Patienten in Zusammenhang stehen. Während die anti-EGFR- Antikörperbehandlung oft bei sogar mehrfach vorbehandelten Patienten mit Chemotherapie-resistenten Tumoren durchgeführt wird, waren die Tumorzellen im in vitro- Modell jedoch zuvor unbehandelt und somit sensitiv für den Einsatz des Chemotherapeutikums Irinotecan. Dies könnte zum Einen bedeuten, dass der zytotoxische Effekt der Irinotecanbehandlung die Wirkung der anti- EGFR- Antikörper überlagert. Zum Anderen könnte die Wirksamkeit der Antikörperbehandlung bei Patienten auf eine erneute Sensitivierung Chemotherapie- resistenter Tumoren hinweisen.

Eine Aussage zur Bedeutung potentieller Marker der gezielten Antikörpertherapie kann hier im in vitro- Modell nicht getroffen werden, da kein zusätzlicher Effekt der anti-EGFR- Antikörper zur Behandlung mit Irinotecan beobachtet wurde.

4.3.2 Wechselseitige Beeinflussung von Zellzyklus und Apoptose durch eine anti-EGFR/Irinotecan- Kombinationstherapie

Um zu klären, warum die zusätzliche Applikation von anti-EGFR- Antikörper zur Irinotecanbehandlung in vitro keine zusätzliche Wachstumsinhibierung zeigt, wurden die Effekte dieser Kombinationsbehandlung insbesondere auf den Zellzyklus und die Apoptoseinduktion untersucht, da beide Prozesse für die zytostatische Wirkung von Irinotecan von Bedeutung sind.

Einen der wichtigsten molekularen Regulatoren von Zellzyklus und Apoptose stellt das Tumorsuppressorprotein p53 dar, weswegen es in der Literatur schon öfter als prädiktiver Marker für eine Irinotecan- Behandlung diskutiert wurde

(Weekes, 2009). Während in den Untersuchungen von Weekes et al. keine Korrelation zwischen einer Irinotecanbehandlung und dem Status von p53 in vivo gefunden wurde, konnte dies im in vitro- Modell beobachtet werden (Bhonde, 2006). Hier zeigte sich, dass kolorektale Tumorzellen mit $TP53^{wt}$ durch eine Irinotecanbehandlung im Zellzyklus arretieren, während es in $TP53^{mut}$- Zelllinien durch Irinotecan zur Induktion der Apoptose kommt. Im Kollektiv der Zelllinien wurde daher zunächst der *TP53*- Mutationsstatus erfasst: 45% der Zelllinien wiesen $TP53^{wt}$- und 55% $TP53^{mut}$- Status auf. Unter den $TP53^{mut}$ wurden sechs Linien mit missense- Mutationen, zwei Linien mit nonsense- Mutationen und zwei Linien mit out of frame- Deletionen gefunden. Eine Behandlung mit einer anti-EGFR- Antikörper/Irinotecan- Kombinationstherapie resultierte nur bei den Zelllinien in einer Induktion der Apoptose, die entweder einen $TP53^{wt}$- Status oder aber *TP53*- Nonsense- Mutationen bzw. Deletionen aufwiesen. Auch ein Zellzyklusarrest nach einer Kombinationsbehandlung wurde überwiegend in Zelllinien mit verkürzten p53- Varianten gefunden (einzige Ausnahme: HT29P). Diese Beobachtung zeigt zusammen mit den Ergebnissen von Bhonde et al., dass eine Kombinationsbehandlung in $TP53^{wt}$- Zelllinien oder aber in Zelllinien mit verkürzten p53-Varianten (Nonsense- Mutationen und Deletionen) zu einer Induktion der Apoptose und/oder zum Zellzyklusarrest führen kann. Im Zusammenhang mit den Beobachtungen der klinischen Studie von Oden-Gangloff et al., nach der die Behandlung mit einer Kombination aus anti-EGFR- Antikörper und Chemotherapeutika insbesondere bei Patienten mit $TP53^{mut}$- Tumoren zu einer Verlängerung des progressionsfreien Überlebens führt, weisen die Daten dieser Arbeit darauf hin, dass dies nicht aufgrund von synergistischen Effekten der anti-EGFR- Antikörper und Irinotecan resultiert (Oden-Gangloff, 2009). Sind die Tumoren jedoch resistent, zeigt sich, dass eine zusätzliche Applikation mit anti-EGFR- Antikörper zu einer Sensitivierung der Tumoren gegenüber der Chemotherapie führen kann. Der Mechanismus zur

Überwindung einer Therapie- Resistenz müsste jedoch noch weiter untersucht werden.

5 Zusammenfassung

Bei der Therapie des metastasierten, kolorektalen Karzinoms (mCRC) gewinnt die spezifische, gegen den epidermal growth factor receptor (EGFR) gerichtete Behandlung als Ergänzung zur klassischen Chemotherapie zunehmend an Bedeutung. Sie basiert auf der gezielten Blockierung des in Kolonkarzinomen häufig überexpremierten EGF- Rezeptors, was auch mit einer Inhibierung seiner downstream- Signalmoleküle und der damit verbundenen Zellteilung einhergeht. In klinischen Studien konnte gezeigt werden, dass der Einsatz der monoklonalen Antikörper Panitumumab (Pmab) und Cetuximab (Cmab) bei einem Teil der Patienten mit mCRC zu einer signifikanten Verbesserung der Überlebenszeiten führt. Da die Mehrheit der Patienten jedoch nicht von dieser Therapie profitiert, kommt der Frage nach molekularen Resistenz- Mechanismen und der damit verbundenen Identifizierung von prädiktiven Markergenen eine besondere Bedeutung zu.

Ziel dieser Arbeit war daher die Bedeutung von Aberrationen des EGFR- Signalwegs für die Wirksamkeit der anti-EGFR- Antikörpertherapie zu bestimmen. Daher sollten zum Einen Markergene identifiziert werden, die Vorhersagen eines Erfolgs einer solchen Therapie gestatten. Zum Anderen sollten die Wirk- Mechanismen der therapeutischen Antikörper in Mono- und in Kombinationsbehandlung mit Chemotherapeutika bestimmt werden, um so eine evidenz- basierte Optimierung der Therapie zu ermöglichen.

Zur Rolle der Markergene für die Antikörpertherapie zeigte sich in dem hier verwendeten in vitro-Modell, dass Mutationen in KRAS und BRAF mit einer fehlenden Wirksamkeit der anti-EGFR targeted therapy assoziiert sind. Eine wichtige Ausnahme stellen KRAS- Mutationen des Subtyps p.G13D dar; hier weist das signifikant reduzierte Zellwachstum nach einer Antikörpertherapie darauf hin, dass Patienten mit KRAS p.G13D- Tumoren von dieser Therapie- Option durchaus profitieren können. Für Tumorzellen mit *KRAS/BRAF*^{wt} -

Status konnte herausgestellt werden, dass die fehlende Expressionen von Pten oder Egfr einen Behandlungserfolg negativ beeinflussen. Auf der anderen Seite sind offenbar Tumorzellen mit einem Defekt im DNA- Mismatch-Reparatursystem besonders sensitiv gegenüber einer anti-EGFR-Antikörpertherapie.

Die Untersuchung zum Wirkmechanismus der anti- EGFR Antikörper zeigte, dass die primäre Wechselwirkung zwischen Antikörper und Egfr in allen EGFR expremierenden Zelllinien zur Internalisierung des Antikörper- Rezeptor-Komplexes in die Zelle führt. Dies war jedoch nur dann mit einer Expressions-Reduktion von EGFR selbst sowie den wichtigen downstream- Mediatoren MapK und Akt verbunden, wenn KRAS und BRAF mit Wildtyp- Status vorliegen.

Eine Kombinationstherapie aus anti-EGFR- Antikörper und Irinotecan führte im Gegensatz zu den Beobachtungen aus der Klinik in der Zellkultur nicht zu synergistischen Behandlungseffekten, so dass das hier verwendete in vitro-Modell zur Untersuchung dieses komplexen Mechanismus offenbar nicht geeignet ist. Das Ausbleiben der synergistischen Behandlungseffekte legt vielmehr die Hypothese nah, dass die im klinischen Setting beobachteten positiven Effekte der Kombinationstherapie auf Interaktionen mit dem Immunsystem oder der Überwindung der Resistenz der Tumorzellen gegen eine alleinige Irinotecan- Therapie zurückzuführen ist.

Damit konnten anhand des hier verwendeten in vitro- Modells wichtige Aspekte für die Prädiktion und die Optimierung der anti-EGFR targeted therapy beim kolorektalen Karzinom erarbeitet werden.

Summary

For the treatment of metastatic, colorectal cancer (mCRC), the addition of agents targeting the epidermal growth factor receptor (EGFR) is increasingly gaining in importance. These therapeutical strategies are based on the specific blockage of the EGF receptor which is frequently overexpressed in colorectal cancer leading to the inhibition of downstream signaling and cell division. In clinical studies on chemo-refractory mCRC patients the use of monoclonal antibody Panitumumab (Pmab) and Cetuximab (Cmab) has shown to further increase the overall survival time. Since the majority of patients does not benefit from this therapy the molecular mechanisms of resistance and the identification of predictive marker genes are of particular importance.

Therefore the major goal of this thesis was to define the impact of molecular alterations in the EGFR pathway on the efficiacy of anti-EGFR antibody treatment. For this purpose marker genes that predict the success of such a therapy should be identified. In addition, the molecular and cellular mechanisms of therapeutic antibodies for the treatment of tumor cells -alone or in combination with chemotherapeutics - should be illucidated to supply evidences for the further development of this therapeutic strategy.

Using a cell culture in vitro model, mutations in KRAS or BRAF could be shown to serve as reliable markers of EGFR- targeted therapy failure in CRC. Subtype analysis of KRAS revealed mutation p.G13D to represent an important exception; the significantly reduced cell growth by antibody therapy indicates that patients with KRAS p.G13D tumors are likely to benefit from this therapy option.

For tumor cells with *KRAS/BRAF*^{wt} status these studies highlighted that a missing expression of Pten or Egfr affect the success of the treatment in a negative way. On the other hand tumor cells with a malfunction in the DNA mismatch repair system appear particularly sensitive to the anti-EGFR antibody therapy.

Investigations on the mechanism of action of anti-EGFR antibody showed that the primary interaction between antibody and Egfr resulted in an internalisation of the antibody-receptor complex into the cell. However this was only leading to a reduction of expression of EGFR and the EGFR-downstream molecules MapK and Akt, if KRAS and BRAF had wildtype status.

In contrast to clinical observations, the combination of anti-EGFR antibody with Irinotecan did not result in a synergistic treatment effect in cell culture so that the in vitro model used here is probably not eligible for the investigation of this complex mechanism. However, the absence of synergistic treatment effects suggests the hypothesis that the positive effects of the combination therapy observed in the clinical setting are due to interactions of the antibody-coated cells with the immune system or due to overcoming resistance of tumor cells against the Irinotecan mono therapy.

Taken together based on a cell culture in vitro model this work supplies important aspects for the prediction of the efficiency of the anti-EGFR antibody therapy in colorectal carcinoma and may help to design clinical studies to further optimize this treatment strategy.

II. Literaturverzeichnis

Alldinger, I.; Schaefer, K. L.; Goedde, D.; Ottaviano, L.; Dirksen, U.; Ranft, A. et al. (2007): Microsatellite instability in Ewing tumor is not associated with loss of mismatch repair protein expression. In: J. Cancer Res. Clin. Oncol. 133 (10), S. 749–759.

André, Thierry; Boni, Corrado; Navarro, Matilde; Tabernero, Josep; Hickish, Tamas; Topham, Clare; Bonetti, Andrea; Clingan, Philip; Bridgewater, John; Rivera, Fernando and de Gramont, Aimery (2009): Improved Overall Survival With Oxaliplatin, Fluorouracil and Leucovorin As Adjuvant Treatment in Stage II or III Colon Cancer in the MOSAIC Trial. In: J Clin Oncol 27 (19), S. 3109-3116

Andreyev, H. J.; Norman, A. R.; Cunningham, D.; Oates, J.; Dix, B. R.; Iacopetta, B. J. et al. (2001): Kirsten ras mutations in patients with colorectal cancer: the 'RASCAL II' study. In: Br. J. Cancer 85 (5), S. 692–696.

Atkins D, Reiffen KA, Tegtmeier CL, Winther H, Bonato MS, Storkel S (2004): Immunohistochemical detection of EGFR in paraffin-embedded tumor tissues: variation in staining intensity due to choice of fixative and storage time of tissue sections. J Histochem Cytochem 52 (7), S. 893-901. doi:10.1369/jhc.3A6195.2004

Azeredo da Silveira S, Kikuchi S, Fossati-Jimack L, Moll T, Saito T, Verbeek JS, Botto M, Walport MJ, Carroll M, Izui S. (2002): Complement activation selectively potentiates the pathogenicity of the IgG2b and IgG3 isotypes of a high affinity anti-erythrocyte autoantibody. In: J Exp Med. 195 (6), S. 665-72.

Barault, Ludovic; Veyrie, Nicolas; Jooste, Valerie; Lecorre, Delphine; Chapusot, Caroline; Ferraz, Jean-Marc et al. (2008): Mutations in the RAS-MAPK, PI(3)K (phosphatidylinositol-3-OH kinase) signaling network correlate with poor survival in a population-based series of colon cancers. In: Int. J. Cancer 122 (10), S. 2255–2259.

Barbacid M (1987) Ras genes. Annu Rev Biochem 56, S. 779–827

Bardelli, Alberto; Siena, Salvatore (2010): Molecular mechanisms of resistance to cetuximab and panitumumab in colorectal cancer. In: J. Clin. Oncol. 28 (7), S. 1254–1261.

Bareschino, Maria Anna; Schettino, Clorinda; Maione, Paolo; Rossi, Antonio; Nicolella, Dario; Ciardiello, Fortunato; Gridelli, Cesare (2008): The role of panitumumab in metastatic colorectal cancer. In: Cancer Therapy (6), S. 477-490.

Berenbaum, M. C. (1978): A method for testing for synergy with any number of agents. In: J. Infect. Dis. 137 (2), S. 122–130.

Bernas, Tytus; Dobrucki, Jurek (2002): Mitochondrial and nonmitochondrial reduction of MTT: interaction of MTT with TMRE, JC-1, and NAO mitochondrial fluorescent probes. In: Cytometry 47 (4), S. 236–242.

Bhonde, Mandar R.; Hanski, Marie-Luise; Budczies, Jan; Cao, Minh; Gillissen, Bernd; Moorthy, Dhatchana et al. (2006): DNA damage-induced expression of p53 suppresses mitotic checkpoint kinase hMps1: the lack of this suppression in p53MUT cells contributes to apoptosis. In: J. Biol. Chem. 281 (13), S. 8675–8685.

Bibeau F, Boissière-Michot F, Sabourin JC, Gourgou-Bourgade S, Radal M, Penault-Llorca F, Rochaix P, Arnould L, Bralet MP, Azria D, Ychou M. (2006): Assessment of epidermal growth factor receptor (EGFR) expression in primary colorectal carcinomas and their related metastases on tissue sections and tissue microarray.In: Virchows Arch. 449 (3), S.281-7.

Bradford, M. M. (1976): A rapid and sensitive method for the quantitation of microgram quantities of protein utilizing the principle of protein-dye binding. In: Anal. Biochem. 72, S. 248–254.

Bras-Gonçalves, R. A.; Rosty, C.; Laurent-Puig, P.; Soulié, P.; Dutrillaux, B.; Poupon, M. F. (2000): Sensitivity to CPT-11 of xenografted human colorectal cancers as a function of microsatellite instability and p53 status. In: Br. J. Cancer 82 (4), S. 913–923.

Cappuzzo, F.; Finocchiaro, G.; Rossi, E.; Jänne, P. A.; Carnaghi, C.; Calandri, C. et al. (2008): EGFR FISH assay predicts for response to cetuximab in chemotherapy refractory colorectal cancer patients. In: Ann. Oncol. 19 (4), S. 717–723.

Chang, Steven S.; Califano, Joseph (2008): Current status of biomarkers in head and neck cancer. In: J Surg Oncol 97 (8), S. 640–643.

Chung KY, Shia J, Kemeny NE, Shah M, Schwartz GK, Tse A, Hamilton A, Pan D, Schrag D, Schwartz L, Klimstra DS, Fridman D, Kelsen DP, Saltz LB. (2005): Cetuximab shows activity in colorectal cancer patients with tumors that do not express the epidermal growth factor receptor by immunohistochemistry. In: J Clin Oncol. 2005 Mar 20;23(9):1803-10.

Citri, Ami; Yarden, Yosef (2006): EGF-ERBB signalling: towards the systems level. In: Nat. Rev. Mol. Cell Biol. 7 (7), S. 505–516.

Colucci G, Gebbia V, Paoletti G, Giuliani F, Caruso M, Gebbia N, Cartenì G, Agostara B, Pezzella G, Manzione L, Borsellino N, Misino A, Romito S, Durini E, Cordio S, Di Seri M, Lopez M, Maiello E, Montemurro S, Cramarossa A, Lorusso V, Di Bisceglie M, Chiarenza M, Valerio MR, Guida T, Leonardi V, Pisconti S, Rosati G, Carrozza F, Nettis G, Valdesi M, Filippelli G, Fortunato S, Mancarella S, Brunetti C; Gruppo Oncologico Dell'Italia Meridionale. (2005): Phase III randomized trial of FOLFIRI versus FOLFOX4 in the treatment of advanced colorectal cancer: a multicenter study of the Gruppo Oncologico Dell'Italia Meridionale. In: J Clin Oncol. 23 (22), S. 4866-75.

Courtney, Kevin D.; Corcoran, Ryan B.; Engelman, Jeffrey A. (2010): The PI3K pathway as drug target in human cancer. In: J. Clin. Oncol. 28 (6), S. 1075–1083.

Cunningham, D.; Pyrhönen, S.; James, R. D.; Punt, C. J.; Hickish, T. F.; Heikkila, R. et al. (1998): Randomised trial of irinotecan plus supportive care versus supportive care alone after fluorouracil failure for patients with metastatic colorectal cancer. In: Lancet 352 (9138), S. 1413–1418.

Desch, Christopher E.; Benson, Al B.; Somerfield, Mark R.; Flynn, Patrick J.; Krause, Carol; Loprinzi, Charles L. et al. (2005): Colorectal cancer surveillance: 2005 update of an American Society of Clinical Oncology practice guideline. In: J. Clin. Oncol. 23 (33), S. 8512–8519.

Deutsche Krebshilfe e.V.: www.krebshilfe.de

Di Nicolantonio, Federica; Martini, Miriam; Molinari, Francesca; Sartore-Bianchi, Andrea; Arena, Sabrina; Saletti, Piercarlo et al. (2008): Wild-type BRAF is required for response to panitumumab or cetuximab in metastatic colorectal cancer. In: J. Clin. Oncol. 26 (35), S. 5705–5712.

Douillard JY, Siena S, Cassidy J, Tabernero J, Burkes R, Barugel M, Humblet Y, Bodoky G, Cunningham D, Jassem J, Rivera F, Kocákova I, Ruff P, Błasińska-Morawiec M, Šmakal M, Canon JL, Rother M, Oliner KS, Wolf M, Gansert J (2010): Randomized, phase III trial of panitumumab with infusional fluorouracil, leucovorin, and oxaliplatin (FOLFOX4) versus FOLFOX4 alone as first-line treatment in patients with previously untreated metastatic colorectal cancer: the PRIME study.: In: J Clin Oncol. 28 (31), S. 4697-705.

Edkins S, O'Meara S, Parker A, et al (2006): Recur- rent *KRAS* codon 146 mutations in human colorectal cancer. Cancer Biol Ther 5, S.928-932.

Falcone A, Ricci S, Brunetti I, Pfanner E, Allegrini G, Barbara C, Crinò L, Benedetti G, Evangelista W, Fanchini L, Cortesi E, Picone V, Vitello S, Chiara S, Granetto C, Porcile G, Fioretto L, Orlandini C, Andreuccetti M, Masi G; Gruppo Oncologico Nord Ovest. (2007): Phase III trial of infusional fluorouracil, leucovorin, oxaliplatin, and irinotecan (FOLFOXIRI) compared with infusional fluorouracil, leucovorin, and irinotecan (FOLFIRI) as first-line treatment for metastatic colorectal cancer: the Gruppo Oncologico Nord Ovest. In: J Clin Oncol. 25 (13), S.1670-6.

Finkelstein SD, Sayegh R, Bakker A, Swalsky P (1993): Determination of tumor aggressiveness in colo- rectal cancer by K-ras-2 analysis. Arch Surg 128, S. 526–31; discussion 31–2.

Fioravanti, Anna; Canu, Bastianina; Alì, Greta; Orlandi, Paola; Allegrini, Giacomo; Di Desidero, Teresa; Emmenegger, Urban; Fontanini, Gabriella; Danesi, Romano; Del Tacca, Mario; Falcone, Alfredo; Bocci, Guido (2009): Metronomic 5-fluorouracil, oxaliplatin and irinotecan in colorectal cancer. In: European Journal of Pharmacology 619, S. 8–14

Frykholm, Gunilla Jansson; PÄhlman, Lars; Glimelius, Bengt (2001): Combined chemo- and radiotherapy vs. radiotherapy alone in the treatment of primary, nonresectable adenocarcinoma of the rectum. In: International Journal of Radiation Oncology 50 (2), S. 427-434.

Goldstein, N. S.; Armin, M. (2001): Epidermal growth factor receptor immunohistochemical reactivity in patients with American Joint Committee on Cancer Stage IV colon adenocarcinoma: implications for a standardized scoring system. In: Cancer 92 (5), S. 1331–1346.

Gonçalves, Anthony; Esteyries, Séverine; Taylor-Smedra, Brynn; Lagarde, Arnaud; Ayadi, Mounay; Monges, Geneviève et al. (2008): A polymorphism of EGFR extracellular domain is associated with progression free-survival in metastatic colorectal cancer patients receiving cetuximab-based treatment. In: BMC Cancer 8, S. 169.

Gramont, A.; Figer, A. Seymour, M.; Homerin, M.; Hmissi, A.; Cassidy, J.; Boni, C.; Cortes-Funes, H.; Cervantes, A.; Freyer, G.; Papamichael, D.; Le Bail, N.; Louvet, C.; Hendler, D.; de Braud, F.; Wilson, C.; Morvan, F. and Bonetti, A. (2000): Leucovorin and Fluorouracil With or Without Oxaliplatin as First-Line Treatment in Advanced Colorectal Cancer. In: Journal of Clinical Oncology 18 (16), S. 2938-2947

Guerrero S, Casanova I, Farre´ L, Mazo A, Capellà G, Mangues R (2000): K-ras codon 12 mutation induces higher level of resistance to apoptosis and predisposition to anchorage-independent growth than codon 13 mu- tation or proto-oncogene overexpression. *Cancer Res*. 60(23), S. 6750-6756.

Hanahan, Douglas; Weinberg, Robert A. (2011): Hallmarks of cancer: the next generation. In: Cell 144 (5), S. 646–674.

Hanski, C.; Itzkowitz, S. H. (2000): Translating the knowledge of molecular alterations that occur during colon carcinogenesis into clinically relevant solutions. In: Ann. N. Y. Acad. Sci. 910, S. 1–9.

Hecht, J. Randolph; Mitchell, Edith; Neubauer, Marcus A.; Burris, Howard A.; Swanson, Paul; Lopez, Timothy et al. (2010): Lack of correlation between epidermal growth factor receptor status and response to Panitumumab monotherapy in metastatic colorectal cancer. In: Clin. Cancer Res. 16 (7), S. 2205–2213.

Heinemann, Volker; Stintzing, Sebastian; Kirchner, Thomas; Boeck, Stefan; Jung, Andreas (2009): Clinical relevance of EGFR- and KRAS-status in colorectal cancer patients treated with monoclonal antibodies directed against the EGFR. In: Cancer Treat. Rev. 35 (3), S. 262–271.

Herold, Gerd (2012): Innere Medizin 2012. Eine vorlesungsorientierte Darstellung ; unter Berücksichtigung des Gegenstandskataloges für die Ärztliche Prüfung ; mit ICD 10-Schlüssel im Text und Stichwortverzeichnis. Köln: Selbstverl.

Higashiyama S, Iwabuki H, Morimoto C, Hieda M, Inoue H, Matsushita N. (2008): Membrane-anchored growth factors, the epidermal growth factor family: beyond receptor ligands. In: Cancer Sci.99 (2), S. 214-20.

Husmann, Gabriele (2010): Krebs in Deutschland 2005/2006. Häufigkeiten und Trends ; eine gemeinsame Veröffentlichung des Robert Koch-Instituts und der Gesellschaft der Epidemiologischen Krebsregister in Deutschland e.V. 7. Aufl. Berlin, Saarbrücken: Robert Koch-Inst; GEKID (Beiträge zur Gesundheitsberichterstattung des Bundes).

Iacopetta, Barry (2003): TP53 Mutation in Colorectal Cancer. In: Human Mutation 21, S. 271-276.

Ikenoue T, Hikiba Y, Kanai F, Tanaka Y, Imamura J, Imamura T, Ohta M, Ijichi H, Tateishi K, Kawakami T, Aragaki J, Matsumura M, Kawabe T, Omata M (2003): Functional analysis of mutations within the kinase activation segment of B-Raf in human colorectal tumors. Cancer Res 63 (23), S.8132-8137

Jakobovits, Aya; Amado, Rafael G.; Yang, Xiaodong; Roskos, Lorin; Schwab, Gisela (2007): From XenoMouse technology to panitumumab, the first fully human antibody product from transgenic mice. In: Nat. Biotechnol. 25 (10), S. 1134–1143.

Janeway CA Jr, Medzhitov R. (2002): Innate imunne recognition. In: Annu Rev Immunol. 20, S.197-216.

Jhawer M, Goel S, Wilson AJ, Montagna C, Ling YH, Byun DS, Nasser S, Arango D, Shin J, Klampfer L, Augenlicht LH, Perez-Soler R, Mariadason JM. (2008): PIK3CA mutation/PTEN expression status predicts response of colon cancer cells to the epidermal growth factor receptor inhibitor cetuximab. In: Cancer Res. 68 (6), S.1953-61.

Katso, R.; Okkenhaug, K.; Ahmadi, K.; White, S.; Timms, J.; Waterfield, M. D. (2001): Cellular function of phosphoinositide 3-kinases: implications for development, homeostasis, and cancer. In: Annu. Rev. Cell Dev. Biol. 17, S. 615–675.

Keating, Gillian M. (2010): Panitumumab: a review of its use in metastatic colorectal cancer. In: Drugs 70 (8), S. 1059–1078.

Khambata-Ford S, Garrett CR, Meropol NJ, Basik M, Harbison CT, Wu S, Wong TW, Huang X, Takimoto CH, Godwin AK, Tan BR, Krishnamurthi SS, Burris HA 3rd, Poplin EA, Hidalgo M, Baselga J, Clark EA, Mauro DJ. (2007): Expression of epiregulin and amphiregulin and K-ras mutation status predict disease control in metastatic colorectal cancer patients treated with cetuximab. J Clin Oncol. 25 (22), S. 3230-7.

Kim, George P.; Grothey, Axel (2008): Targeting colorectal cancer with human anti-EGFR monoclonoal antibodies: focus on panitumumab. In: Biologics: Targets & Therapy 2 (2), S. 223–228

Krams, Matthias (2010): Kurzlehrbuch Pathologie. 126 Tabellen. Stuttgart u.a: Thieme.

Krasinskas, Alyssa M. (2011): EGFR Signaling in Colorectal Carcinoma. In: Pathol Res Int 2011, S. 932932.

Krebsinformationsdienst des DKFZ: http://www.krebsinformation.de

Kress TR, Raabe T, Feller SM (2010): High Erk activity suppresses expression of the cell cycle inhibitor p27Kip1 in colorectal cancer cells. In: Cell Commun Signal. 8 (1), S.1-7

Kruser, Tim J.; Wheeler, Deric L. (2010): Mechanisms of resistance to HER family targeting antibodies. In: Experimental Cell Research 316, S. 1083–1100

Kumpf, Stephanie (2009): Fortbildungsprogramm Pharmazie (FORTE-PHARM). Neue Arzneimittel: Neue Entwicklungen in der Zytostatikatherapie. Hg. v. http://www.uni-duesseldorf.de/kojda-pharmalehrbuch/FortbildungstelegrammPharmazie/Kurzportraet.html. Heinrich - Heine - Universität (Fortbildungstelegramm Pharmazie, 3. Jahrgang; 208-224). Online verfügbar unter http://www.uni-duesseldorf.de/kojda-pharmalehrbuch/FortbildungstelegrammPharmazie/SerieNeueArzneimittel/Kumpf_Neue_Zytostatika_FORTEPHARM_2009.pdf.

Laurent-Puig, Pierre; Cayre, Anne; Manceau, Gilles; Buc, Emmanuel; Bachet, Jean-Baptiste; Lecomte, Thierry et al. (2009): Analysis of PTEN, BRAF, and EGFR status in determining benefit from cetuximab therapy in wild-type KRAS metastatic colon cancer. In: J. Clin. Oncol. 27 (35), S. 5924–5930.

Lee, J. C.; Wang, S. T.; Lai, M. D.; Lin, Y. J.; Yang, H. B. (1996): K-ras gene mutation is a useful predictor of the survival of early stage colorectal cancers. In: Anticancer Res. 16 (6B), S. 3839–3844.

Lenz HJ, Van Cutsem E, Khambata-Ford S, Mayer RJ, Gold P, Stella P, Mirtsching B, Cohn AL, Pippas AW, Azarnia N, Tsuchihashi Z, Mauro DJ, Rowinsky EK. (2006): Multicenter phase II and translational study of cetuximab in metastatic colorectal carcinoma refractory to irinotecan, oxaliplatin, and fluoropyrimidines. In: J Clin Oncol. 24 (30), S. 4914-21.

Lièvre, Astrid; Bachet, Jean-Baptiste; Le Corre, Delphine (2006): KRAS Mutation Status Is Predictive of Response to Cetuximab Therapy in Colorectal Cancer. In: Cancer Res 66, S.3992-3995.

Linardou H, Dahabreh IJ, Kanaloupiti D, Siannis F, Bafaloukos D, Kosmidis P, Papadimitriou CA, Murray S. (2008): Assessment of somatic k-RAS mutations as a mechanism associated with resistance to EGFR-targeted agents: a systematic review and meta-analysis of studies in advanced non-small-cell lung cancer and metastatic colorectal cancer. In: Lancet Oncol. 9 (10), S. 962-72.

Liu, Y. (2006): From the Cover: Analysis of P53 mutations and their expression in 56 colorectal cancer cell lines. In: Proceedings of the National Academy of Sciences 103 (4), S. 976–981.

Lynch, H.T., Smyrk, T., Lynch, J.F. (1996). Overview of natural history, pathology, molecular genetics and management of HNPCC (Lynch-syndrome). Int J Cancer 69: 38- 43.

Marquardt, Goentje-Gesine (2011): Dissertation: Vergleich der Verträglichkeit von Irinotecan und Oxaliplatin zwischen älteren und jüngeren Patienten mit kolorektalem Karzinom

Mathijssen RH, van Alphen RJ, Verweij J, Loos WJ, Nooter K, Stoter G, Sparreboom A (2001): Clinical pharmacokinetics and metabolism of irinotecan (CPT-11). In: Clin Cancer Res. 7, S. 2182-94.

Mäkinen, M. (2010): [Colorectal serrated lesions: current insight on their role in colorectal carcinogenesis]. In: Duodecim.126 (17), S. 2002-11.

McCubrey, James A.; Steelman, Linda S.; Abrams, Steven L.; Lee, John T.; Chang, Fumin; Bertrand, Fred E. et al. (2006): Roles of the RAF/MEK/ERK and PI3K/PTEN/AKT pathways in malignant transformation and drug resistance. In: Adv. Enzyme Regul. 46, S. 249–279.

Meyerhardt JA, Mayer RJ. (2005): Systemic therapy for colorectal cancer. N Engl J Med. 352, S. 476-87

Moerkerk, P.; Arends, J. W.; van Driel, M.; Bruïne, A. de; Goeij, A. de; Kate, J. ten (1994): Type and number of Ki-ras point mutations relate to stage of human colorectal cancer. In: Cancer Res. 54 (13), S. 3376–3378.

Monzon, Federico A.; Ogino, Shuji; Hammond, M. Elizabeth H.; Halling, Kevin C.; Bloom, Kenneth J.; Nikiforova, Marina N. (2009): The role of KRAS mutation testing in the management of patients with metastatic colorectal cancer. In: Arch. Pathol. Lab. Med. 133 (10), S. 1600–1606.

Mosmann, T. (1983): Rapid colorimetric assay for cellular growth and survival: application to proliferation and cytotoxicity assays. In: J. Immunol. Methods 65 (1-2), S. 55–63.

Mullis, K. B.; Faloona, F. A. (1987): Specific synthesis of DNA in vitro via a polymerase-catalyzed chain reaction. In: Meth. Enzymol 155, S. 335–350.

Naccarati, A.; Polakova, V.; Pardini, B.; Vodickova, L.; Hemminki, K.; Kumar, R.; Vodicka, P. (2012): Mutations and polymorphisms in TP53 gene--an overview on the role in colorectal cancer. In: Mutagenesis 27 (2), S. 211–218.

National Cancer Institute: http://www.cancer.gov

Normanno N, Tejpar S, Morgillo F, De Luca A, Van Cutsem E, Ciardiello F. (2009): Implications for KRAS status and EGFR-targeted therapies in metastatic CRC. In: Nat Rev Clin Oncol. 6 (9), S. 519-27.

O'Brien MJ, Yang S, Mack C, Xu H, Huang CS, Mulcahy E, Amorosino M, Farraye FA. (2006): Comparison of microsatellite instability, CpG island methylation phenotype, BRAF and KRAS status in serrated polyps and traditional adenomas indicates separate pathways to distinct colorectal carcinoma end points. In: Am J Surg Pathol. 30 (12), S.1491-501.

Oden-Gangloff A, Di Fiore F, Bibeau F, Lamy A, Bougeard G, Charbonnier F, Blanchard F, Tougeron D, Ychou M, Boissière F, Le Pessot F, Sabourin JC, Tuech JJ, Michel P, Frebourg T. (2009): TP53 mutations predict disease control in metastatic colorectal cancer treated with cetuximab-based chemotherapy. In: Br J Cancer.100 (8), S: 1330-5.

Ogino, Shuji; Meyerhardt, Jeffrey A.; Irahara, Natsumi; Niedzwiecki, Donna; Hollis, Donna; Saltz, Leonard B. et al. (2009): KRAS mutation in stage III colon cancer and clinical outcome following intergroup trial CALGB 89803. In: Clin. Cancer Res. 15 (23), S. 7322–7329.

Ogino, Shuji; Shima, Kaori; Meyerhardt, Jeffrey A.; McCleary, Nadine J.; Ng, Kimmie; Hollis, Donna et al. (2012): Predictive and prognostic roles of BRAF mutation in stage III colon cancer: results from intergroup trial CALGB 89803. In: Clin. Cancer Res. 18 (3), S. 890–900.

Paez, Juan; Sellers, William R. (2003): PI3K/PTEN/AKT pathway. A critical mediator of oncogenic signaling. In: Cancer Treat. Res. 115, S. 145–167.

Peeters, Marc; Price, Timothy Jay; Cervantes, Andrés; Sobrero, Alberto F.; Ducreux, Michel; Hotko, Yevhen et al. (2010): Randomized phase III study of panitumumab with fluorouracil, leucovorin, and irinotecan (FOLFIRI) compared with FOLFIRI alone as second-line treatment in patients with metastatic colorectal cancer. In: J. Clin. Oncol. 28 (31), S. 4706–4713.

Rajagopalan, Harith; Bardelli, Alberto; Lengauer, Christoph; Kinzler, Kenneth W.; Vogelstein, Bert; Velculescu, Victor E. (2002): Tumorigenesis: RAF/RAS oncogenes and mismatch-repair status. In: Nature 418 (6901), S. 934.

Remmele, W.; Stegner, H. E. (1987): Vorschlag zur einheitlichen Definition eines Immunreaktiven Score (IRS) für den immunhistochemischen Ostrogenrezeptor-Nachweis (ER-ICA) im Mammakarzinomgewebe. In: Pathologe 8 (3), S. 138–140.

Roberts, P. J.; Der, C. J. (2007): Targeting the Raf-MEK-ERK mitogen-activated protein kinase cascade for the treatment of cancer. In: Oncogene 26 (22), S. 3291–3310.

Roock, Wendy de; Jonker, Derek J.; Di Nicolantonio, Federica; Sartore-Bianchi, Andrea; Tu, Dongsheng; Siena, Salvatore et al. (2010): Association of KRAS p.G13D mutation with outcome in patients with chemotherapy-refractory metastatic colorectal cancer treated with cetuximab. In: JAMA 304 (16), S. 1812–1820.

Rothenberg, M.L. (1997): Topoisomerase I inhibitors: Review and update. In: Annals of Oncology 8, S. 837-855

Rougier, P.; van Cutsem, E.; Bajetta, E.; Niederle, N.; Possinger, K.; Labianca, R. et al. (1998): Randomised trial of irinotecan versus fluorouracil by continuous infusion after fluorouracil failure in patients with metastatic colorectal cancer. In: Lancet 352 (9138), S. 1407–1412.

Roux, Philippe P.; Blenis, John (2004): ERK and p38 MAPK-activated protein kinases: a family of protein kinases with diverse biological functions. In: Microbiol. Mol. Biol. Rev. 68 (2), S. 320–344.

Salomon, Franz-Viktor (2008): Anatomie für die Tiermedizin. 2. Aufl. Stuttgart: Enke. Online verfügbar unter http://www.thieme.de/ebooklibrary/nutzungsrechte_vel.html?3830410751/index.php.

Saltz LB, Douillard JY, Pirotta N, Alakl M, Gruia G, Awad L, Elfring GL, Locker PK, Miller LL. (2001): Irinotecan plus fluorouracil/leucovorin for metastatic colorectal cancer: a new survival standard. In: Oncologist. 6 (1), S. 81-91.

Samuels, Yardena; Waldman, Todd (2010): Oncogenic mutations of PIK3CA in human cancers. In: Curr. Top. Microbiol. Immunol. 347, S. 21–41.

Sartore-Bianchi, Andrea; Di Nicolantonio, Federica; Nichelatti, Michele; Molinari, Francesca; Dosso, Sara de; Saletti, Piercarlo et al. (2009): Multi-determinants analysis of molecular alterations for predicting clinical benefit to EGFR-targeted monoclonal antibodies in colorectal cancer. In: PLoS ONE 4 (10), S. e7287.

Sawai, Hirozumi; Yasuda, Akira; Ochi, Nobuo; Ma, Jiachi; Matsuo, Yoichi; Wakasugi, Takehiro et al. (2008): Loss of PTEN expression is associated with colorectal cancer liver metastasis and poor patient survival. In: BMC Gastroenterol 8, S. 56.

Schmiegel, W.; Reinacher-Schick, A.; Arnold, D.; Graeven, U.; Heinemann, V.; Porschen, R. et al. (2008): S3-Leitlinie "Kolorektales Karzinom" - Aktualisierung 2008. In: Z Gastroenterol 46 (8), S. 799–840.

Seth, R.; Crook, S.; Ibrahem, S.; Fadhil, W.; Jackson, D.; Ilyas, M. (2009): Concomitant mutations and splice variants in KRAS and BRAF demonstrate complex perturbation of the Ras/Raf signalling pathway in advanced colorectal cancer. In: Gut 58 (9), S. 1234–1241.

Scheeff, Eric D.; Briggs, James M. and Howell, Stephen B. (1999): Molecular Modeling of the Intrastrand Guanine-Guanine DNA Adducts Produced by Cisplatin and Oxaliplatin.In: Mol Pharmacol September 1, 56, S.633-643

Shia, Jinru; Klimstra, David S.; Li, Allan R.; Qin, Jing; Saltz, Leonard; Teruya-Feldstein, Julie et al. (2005): Epidermal growth factor receptor expression and gene amplification in colorectal carcinoma: an immunohistochemical and chromogenic in situ hybridization study. In: Mod. Pathol. 18 (10), S. 1350–1356.

Siewert, J. R. (2005): Onkologische Chirurgie -- Chirurgische Onkologie. In: Dtsch. Med. Wochenschr. 130 (25-26), S. 1566–1567.

Sobrero AF, Maurel J, Fehrenbacher L, Scheithauer W, Abubakr YA, Lutz MP, Vega-Villegas ME, Eng C, Steinhauer EU, Prausova J, Lenz HJ, Borg C, Middleton G, Kröning H, Luppi G, Kisker O, Zubel A, Langer C, Kopit J, Burris HA 3rd (2008): EPIC: phase III trial of cetuximab plus irinotecan after fluoropyrimidine and oxaliplatin failure in patients with metastatic colorectal cancer. J Clin Oncol. 26, S. 2311-9.

Sobti RC, Askari M, Nikbakht M, Singh N, Sharma SC, Abitew AM (2012): Genetic variants of EGFR (142285G>A) and ESR1 (2014G>A) gene polymorphisms and risk of breast cancer. Mol Cell Biochem. 369 (1-2), S. 217-25.

Soung, Young Hwa; Lee, Jong Woo; Nam, Suk Woo; Lee, Jung Young; Yoo, Nam Jin; Lee, Sug Hyung (2006): Mutational analysis of AKT1, AKT2 and AKT3 Genes in Common Human Carcinomas. Oncology 70, S. 285-289.

Stroh, C.; Reusch, C.; Schmidt, J.; Splittgerber, J.; Wesolowski J.S. Jr.; Blaukat; A.; Merck KGaA, Darmstadt, Germany; EMD Serono, Billerica, MA (2010): Pharmacological and immunological characteristics of the therapeutic anti-EGFR antibodies cetuximab, panitumumab, and nimotuzumab. In: J Clin Oncol 28, (suppl; abstr e13025)

Suad, Oded; Rozenberg, Haim; Brosh, Ran; Diskin-Posner, Yael; Kessler, Naama; Shimon, Linda J. W. et al. (2009): Structural basis of restoring sequence-specific DNA binding and transactivation to mutant p53 by suppressor mutations. In: J. Mol. Biol. 385 (1), S. 249–265.

Suchy, B.; Zietz, C.; Rabes, H. M. (1992): K-ras point mutations in human colorectal carcinomas: relation to aneuploidy and metastasis. In: Int. J. Cancer 52 (1), S. 30–33.

Tejpar, Sabine; Bertagnolli, Monica; Bosman, Fred; Lenz, Heinz-Joseph; Garraway, Levi; Waldman, Frederic et al. (2010): Prognostic and predictive biomarkers in resected colon cancer: current status and future perspectives for integrating genomics into biomarker discovery. In: Oncologist 15 (4), S. 390–404.

Till, Susanne; Diamantara, Konstantina; Ladurner, Andreas G. (2008): PARP: a transferase by any other name. In: Nat. Struct. Mol. Biol. 15 (12), S. 1243–1244.

Vanhoefer, U.; Harstrick, A.; Achterrath, W.; Cao, S.; Seeber, S.; Rustum, Y. M. (2001): Irinotecan in the treatment of colorectal cancer: clinical overview. In: J. Clin. Oncol. 19 (5), S. 1501–1518.

Vilar, E.; Scaltriti, M.; Balmaña, J.; Saura, C.; Guzman, M.; Arribas, J. et al. (2008): Microsatellite instability due to hMLH1 deficiency is associated with increased cytotoxicity to irinotecan in human colorectal cancer cell lines. In: Br. J. Cancer 99 (10), S. 1607–1612.

Vogelstein, B.; Fearon, E. R.; Hamilton, S. R.; Kern, S. E.; Preisinger, A. C.; Leppert, M. et al. (1988): Genetic alterations during colorectal-tumor development. In: N. Engl. J. Med. 319 (9), S. 525–532.

Wan PT, Garnett MJ, Roe SM, Lee S, Niculescu-Duvaz D, Good VM, Jones CM, Marshall CJ, Springer CJ, Barford D, Marais R; Cancer Genome Project. (2004): Mechanism of activation of the RAF-ERK signaling pathway by oncogenic mutations of B-RAF. Cell. 116 (6), S. 855-67.

Weekes J, Lam AK, Sebesan S, Ho YH. (2009): Irinotecan therapy and molecular targets in colorectal cancer: a systemic review. In: World J Gastroenterol.15 (29), S. 3597-602

Wittekind, Christian (Hg.) (2010): TNM-Klassifikation maligner Tumoren. Weinheim: Wiley-Blackwell.

Wong, Siu-Fun (2005): Cetuximab: an epidermal growth factor receptor monoclonal antibody for the treatment of colorectal cancer. In: Clin Ther 27 (6), S. 684–694.

Wu, Mei; Rivkin, Anastasia; Pham, Trinh (2008): Panitumumab: Human monoclonal antibody against epidermal growth factor receptors for the treatment of metastatic colorectal cancer, Clinical Therapeutics 30 (1), S. 14-30

Yang XD, Jia XC, Corvalan JR, Wang P, Davis CG (2001): Development of ABX-EGF, a fully human anti-EGF receptor monoclonal antibody, for cancer therapy. Crit Rev Oncol Hematol 38, S.17-23.

Yarden, Yosef (2005): Grundlagen der Signaltransduktion]. In: Onkologie 28 Suppl 4, S. 14–17.

Yeh, Jen Jen; Routh, Elizabeth D.; Rubinas, Tara; Peacock, Janie; Martin, Timothy D.; Shen, Xiang Ju; Sandler, Robert S.; Kim, Hong Jin; Keku, Temitope O.; Der, Channing J. (2009): KRAS/BRAF mutation status and ERK1/2 activation as biomarkers for MEK1/2 inhibitor therapy in colorectal cancer. In: Mol Cancer Ther 8(4), S. 834-843.

Yokota, T.; Ura, T.; Shibata, N.; Takahari, D.; Shitara, K.; Nomura, M. et al. (2011): BRAF mutation is a powerful prognostic factor in advanced and recurrent colorectal cancer. In: Br. J. Cancer 104 (5), S. 856–862.

You, Benoit; Chen, Eric X. (2011): Anti-EGFR Monoclonal Antibodies for Treatment of Colorectal Cancers: Development of Cetuximab and Panitumumab. In: J Clin Pharmacol.

III. Abkürzungsverzeichnis

%	Prozent
(v/v)	(volume/volume)
(w/v)	(weight/volume)
<	kleiner (als)
>	größer (als)
°C	Grad Celsius
µM	Mikromolar
5-FU	5- Fluorouracil
A	Valin
ADCC	antibody-dependent, cell-mediated cytotoxicity, Antikörperabhängige zellvermittelte Zytotoxizität
APS	Ammoniumperoxidsulfat
Arg	Arginin
bp	Basenpaar
BSA	bovine serum albumin, Rinderserumalbumin
bzw.	beziehungsweise
cDNA	copyDNA
CEN7	fluoreszenzmarkierte Sonde für das Zentromer von Chromosom 7
CHAPS	3-[(3-Cholamidopropyl)-dimethylammonio]-1-propansulfonat
CI	Kombinationsindex
cm	Zentimeter
CO_2	Kohlendioxid
Ct	Cycle-Treshold
DAB	3'3-Diaminobenzidin
DAPI	4',6-Diamidin-2-phenylindol

Abkürzungsverzeichnis

ddH$_2$O	bidestilliertes Wasser
DEPC	Diethylpyrocarbonat
dH$_2$O	destilliertes Wasser
DMSO	Dimethylsulfoxid
DNA	deoxyribonucleic acid; Desoxyribonukleinsäure
dNTP	Nukleotidtriphosphat
DSMZ	Deutsche Sammlung von Mikroorganismen und Zellkulturen
ECACC	European Collection of Cell Cultures
EDTA	Ethylendiamintetraessigsäure
et al.	et alteres (lat.: und andere)
EtBr	Etidiumbromid
FACS	fluorescence activated cell sorting
FCS	fötales Kälberserum
FDA	Food and Drug Administration (U.S.)
FISH	Fluoreszenz-in-situ-Hybridisierung
FITC	Fluoreszeinisothiozyanat
FL3	Fluoreszenzkanal 3
FSC	forward scatter
g	Gramm
G	Glycin
G0/G1-Phase	Inter-bzw. Wachstumsphase des Zellzyklus
G2/M-Phase	Wachstums- und Teilungsphase des Zellzyklus
GAPDH	Glycerin-Aldehyd-3-Phosphat-Dehydrogenase
GDP	Guanosindiphophat
G-Protein	GTP-bindendes Protein
GTP	Guanosintriphophat
h	Stunden
H$_2$O$_2$	Wasserstoffperoxid
HCl	Salzsäure

HHU	Heinrich-Heine-Universität
HRP	horseradish peroxidase, Meerrettichperoxidase
IgG	Immunglobulin G
inkl.	inklusive
IRS	Immunreaktiver Score
kb	Kilobase
kDA	Kilodalton
Lys	Lysin
M	Molar
m^2	Quadratmeter
mA	Milliamper
mAb	monoclonal antibody, monoklonaler Antikörper
mCRC	metastasiertes kolorektales Karzinom
mg	Milligramm
min	Minuten
Mio.	Millionen
ml	Milliliter
mm	Millimeter
mM	Millimolar
mRNA	messenger ribonucleic acid
MTT	3-[4,5-dimethylthiazol-2yl]-2,5-diphenyltetrazoliumbromid
mut	mutiert
mV	Millivolt
NaCl	Natriumchlorid
ng	Nanogramm
nm	Nanometer
nM	Nanomolar
NMD	Nonsense-mediated mRNA decay
ODT- Primer	Oligo-dT-Primer, Oligonukleotid aus desoxy- Thymidin

p	kurzer Arm eines Chromosoms
PBS	phosphatgepufferte Salzlösung
PCR	Polymerase chain reaction, Polymerasekettenreaktion
pH	potentia hydrogenium
PI	Propidiumiodid
prä	vor
Pro	Prolin
p-Wert	Signifikanzwert
q	langer Arm eines Chromosoms
qRT-PCR	quantitative Real-Time Polymerase chain reaction
RNA	Ribonucleic acid, Ribonukleinsäure
rpm	rounds per minute, Umdrehungen pro Minute
RPMI	Zellkulturmedium benannt nach dem Roswell Park Memorial Institute
RT	Raumtemperatur
RT-PCR	Real-Time Polymerase chain reaction
s	Sekunden
S	Svedberg- Konstante
s. u.	siehe unten
SDS	sodium dodecyl sulfate
SDS-PAGE	sodium dodecyl sulfate polyacrylamide gel electrophoresis
siRNA	small interfering RNA
SN-38	aktiver Metabolit von Irinotecan
S-Phase	Synthese-Phase des Zellzyklus
SSC	Saline-sodium citrate buffer
STR	short tandem repeat
SYBR Green	N',N'-dimethyl-N-[4-[(E)-(3-methyl-1,3-benzothiazol-2 ylidene)methyl]-1-phenylquinolin-1-ium-2-yl]-N-propylpropane-1,3-diamine

TBS	Tris bufferd saline
Taq	Thermus aquaticus
TEMED	N, N, N', N', - Tetramethylethylendiamin
Tris	Tris(hydroxymethyl)-aminomethan
u	Units, Einheiten
u.a.	unter anderem
UICC	Union for International Cancer Control
UV	Ultraviolett
V	Volt
wt	Wildtyp- Status
xg	x-fache Erdbeschleunigung
xn	x-facher Chromosomensatz
z.B.	zum Beispiel
µg	Mikrogramm
µl	Mikroliter
µm	Mikrometer

IV. Danksagung

Ein ganz besonderer Dank gilt allen, die mir geholfen haben diese Arbeit zu verwirklichen:

PD Dr. rer. nat. Karl Ludwig Schäfer

Prof. Dr. Henrike Heise

Julia Lange

Marianne Niermann

Sandra Träckner

Ingrid Büchmann

Laura Ottaviano

Yvonne Daniluk

Egbert Meßner

Sven Meßner

Gaby Holz

Boris Topolski

Gabriele Grabenstein

i want morebooks!

Buy your books fast and straightforward online - at one of world's fastest growing online book stores! Environmentally sound due to Print-on-Demand technologies.

Buy your books online at
www.get-morebooks.com

Kaufen Sie Ihre Bücher schnell und unkompliziert online – auf einer der am schnellsten wachsenden Buchhandelsplattformen weltweit! Dank Print-On-Demand umwelt- und ressourcenschonend produziert.

Bücher schneller online kaufen
www.morebooks.de

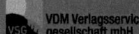 VDM Verlagsservicegesellschaft mbH
Heinrich-Böcking-Str. 6-8   Telefon: +49 681 3720 174   info@vdm-vsg.de
D - 66121 Saarbrücken   Telefax: +49 681 3720 1749   www.vdm-vsg.de

Printed by Books on Demand GmbH, Norderstedt / Germany